U0395866

陈积芳 / 主编

家庭园艺

老年健康生活丛书（第一辑）

王建华 / 编著

上海科学普及出版社

家庭园艺

编　　著　王建华

序言

岁月流逝如滔滔江水，从朗朗童声和青春风茂之美好年代，转眼进入雪鬓霜鬓、步履蹒跚的老年。今天的老年人，为建设城市与家园付出了辛勤的劳动，理应健康安享晚年。每位经历人生光阴似箭的朋友，你感慨当今的变化吗？你珍惜眼前的生活吗？你回想过往的岁月吗？当你感到生命的航船可以平稳舒适地驶入又一番风景的港湾中，当你品味美好晚景夕阳红满天时，会有更多新的需要，新的念想。你想学习，可能会遇上陌生的问题；你也许会忧虑，因为你已展开又一个生命的重要阶段——老年。

上海这样一座2 400万人口的国际大都市，富有创新活力和文化底蕴。由于生活水平提高，医疗资源相对丰富，人均寿命增长，老龄化深度发展。60岁以上的老年人已达到33.2%，百岁老人占比达7.8‰，上海已进入国际标准的长寿城市。平均寿命达83岁，在国内仅次于香港。老年群体的各种需求势必越来越多，这是客观的存在。

正如老百姓说的俗语：金山银山不如健康是靠山。幸福的晚年生活，健康是第一条。而健康是老年人面对的最基本的大事，涉及老年阶段方方面面的综合知识、生活方式以及社会服务。比如，发达国家研究长寿课题并得出的结论，第一条就是晚年要有较好的社会交往活动，水、空气、睡眠和营养是基础保障，和谐适当的社会交际活动才是老年人生得以有内在动力的根本保障。因而唱歌跳舞、学用智能手机、旅游观光、含饴弄孙、莳花弄草、书法收藏、摄影交流、散步疾走等文娱活动，都是对老年健康有益的。

随着互联网科技的迅速发展和移动通讯的广泛使用，老年人想要跟上形势，学习新技能。如熟练使用智能手机，学会网上支付水电费、买快餐、订电影票、购买日用品等。

老年人饮食营养的保证很重要，易吸收的优质蛋白质、不饱和脂肪、新鲜蔬果中的维生素纤维素、转化能量的碳水化合物等，均要安排得当，科学合理饮食。这也是防治老年代谢病的重要措施。正所谓：管住你的嘴，学问真不少。

老年人的生命活动逐渐衰弱，有一些疾病“找上门来”也属正常，医疗与护理及保养都很重要。血压、血糖、尿酸指标，要了解这些基本常识，学习自我保健知识，建立健康管理理念。

说到老有所学，日新月异的科技创新的成就，也是老年群体所关注的。比如中国空间站将在太空的遨游，彩虹号深海潜水器，大口径射电望远镜，北斗卫星体系组成通信网络，5G信息科技传播的先进标准，量子通讯的安全原理，石墨烯材料充电新技术等，普通市民关心这些话题；老年人群，尤其是有深层次精神文化需求的老年人更是愿意与时俱进地学习。保持学习新知的好奇心，是心态年轻的标志。

更广义地讲，老龄产业是黄金产业。服务软件、营养饮食、老年教学、文化娱乐、康复辅具等方方面面，与老年人福祉相关的各类产品的设计与生产，急需资金和研发，并加以推广。

夕阳无限好，只是近黄昏。年老之人应修悟宁静淡泊的心态，保持慢节奏的生活姿态，从容不迫、优雅舒坦地过好当下的每一天。这需要有平衡的心理与情绪，预防可能发生的忧郁或焦虑的心理疾病。步入老年阶段，坦然面对衰老，平安幸福地过好晚年生活，我们每一位老者都准备好了吗？

为了关爱老年读者群体的精神文化生活，为他们提供更为广阔的视角和思考空间，乐享健康，乐享生活，智慧养老，科学养老，上海科学普及出版社精心策划了“老年健康生活丛书”。邀请各领域富有经验的专家学者为老年读者精心打造，第一辑推出《阳光心态》《经络养生》《健康管理》《老少同乐》《智能生活》《家庭园艺》《法律维权》《旅游英语》《科普新知》《智慧理财》共十种，涉及老年人群重点关注的养生保健、心理健康、法律法规、代际沟通、社会交往等主题，精心布局，反复研讨，集思广益，从老年读者的视角，以实际生活为内容支撑，通俗易懂，图文并茂。可以相信，“老年健康生活丛书”一定能服务于上海乃至全国的老年群体，发挥积极的科普和文化传播作用，为促进国家老年教育、老龄事业的发展做出应有的贡献。

陈积芳

2018年8月

第一篇　基础知识

第二篇　专业知识

第一篇

基础知识

萌发·生长

园艺，简单地说就是指关于花卉、蔬菜、果树之类植物的栽培方法，复杂地说是指有关蔬菜、果树、花卉、食用菌、观赏树木等的栽培和繁育的技术。因此园艺也相应地分为果树园艺、蔬菜园艺和观赏园艺。

从字面上来看，园艺一词是“园”加“艺”的集合，《辞源》中称“植蔬果花木之地，而有藩者”为“园”，《论语》中称“学问技术皆谓之艺”，“园”字在这里的意思是指种植蔬菜、花木的地方，“艺”字则是指技能、技术。“艺”字作为动词时，也有“种植”的意思。因此栽植蔬果花木的技艺，称之为园艺。

园艺起源于石器时代。文艺复兴时期，园艺在意大利再次兴起并传至欧洲各地。而中国从周代开始园圃作为独立经营部门出现。历代在温室培养、果树繁殖和栽培技术、名贵花卉品种的培育以及在园艺事业上与各国进行广泛交流等方面卓有成就。20世纪以后，园艺生产日益向企业经营发展。现代园艺已成综合应用各种科学技术成果以促进生产的重要领域。园艺产品已成为完善人类食物营养及美化、净化生活环境的必需品。

植物的一生

园艺植物大多是种子植物,其一生从种子发芽开始,到新的种子形成结束。包括种子萌发、营养生长、生殖生长三个阶段。

植物的种子萌发

是什么因素来决定种子的休眠或发芽呢?植物学家们发现了一些规律,但还不是很明确。飘落的种子当中,有些植物种子不论什么季节都可以很快地发芽,进入下一个生命轮回,如荠菜。但大多数植物种子会沉寂在土壤中,进入休眠状态,在经历寒冷冬季之后,来年的春天才会生根发芽。

种子萌发是一系列有序的生理过程和形态变化过程:胚根长成主根,胚芽长成茎叶,胚轴长成根茎的过渡区,子叶随茎伸出土面或者留在土里,最后萎缩干枯并消失。种子萌发除了本身要具有健全的发芽力以外,还需要充足的水分、适宜的温度和足够的氧气。

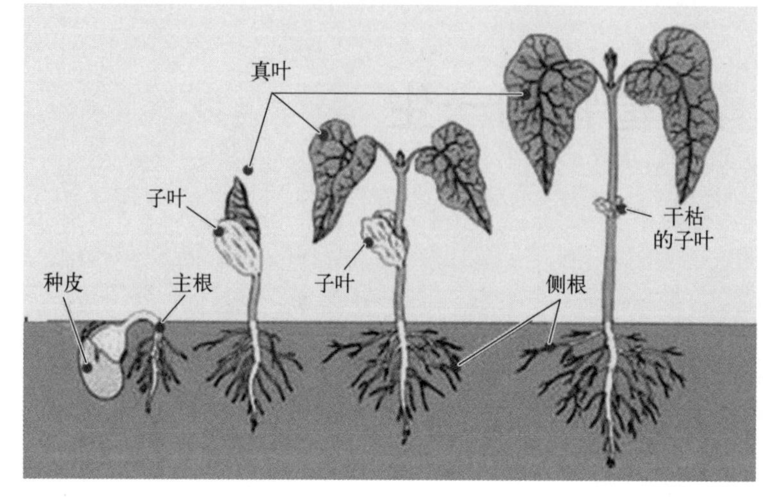

▲ 植物幼苗

植物的营养生长

植物的营养器官通常指根、茎、叶三大器官，而根、茎、叶等器官的生长也就是营养生长。营养器官的基本功能是维持植物生命，这些功能最重要的就是光合作用。在特定状况下，营养器官也能成为繁衍的亲本，由这些器官生长出新的个体，就是通常说的营养生殖。

植物的根

根是植物吸收土壤中水和肥料的器官，它最重要的功能是固定和支撑植物。

当种子萌发时，胚根发育成幼根突破种皮，与地面垂直向下生长为主根。当主根生长到一定程度时，从其内部生出许多支根，称侧根。植物地下部分所有根的总和叫做根系，分为直根系和须根系两种。

有些植物的根在长期进化发展过程中，其形态、结构和生理功能发生了显著变化，称为变态根，如肉系直根、块根。

植物的茎

茎的功能主要是运输水分、无机盐类和有机营养物质，同时又能支持枝、叶、花和果实展向空中。主干由种子的胚芽发育而成，侧枝由主干上的芽发育而成。

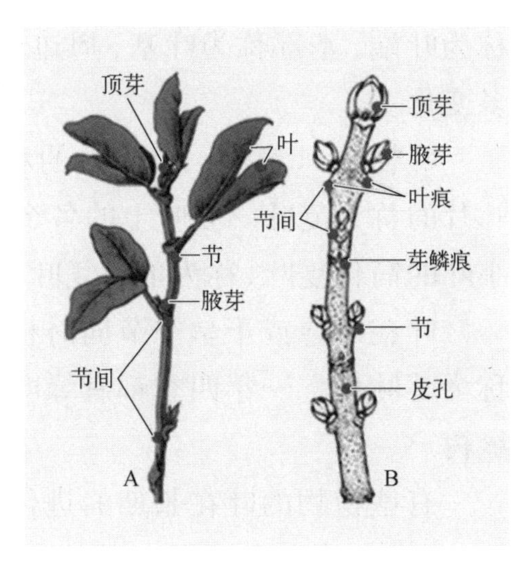

植物的茎

茎上长叶的位置叫节，两节之间的部分叫节间。茎顶端和节上叶腋处都生有芽，当叶子脱落后，节上留有痕迹叫做叶痕。

茎的类型与植物的生活期长短有关系。寿命长的植物，茎能形成坚硬的木质部，增强茎的坚固性，这类植物就是木本植物。木本植物分乔木或灌木，乔木有粗大的主干，灌木没有主干而有粗细相似的分枝。寿命短的植物茎干软弱，这就是草本植物。草本植物分多年生、二年生和一年生等类型。

茎因生长习性的不同，可以分为直立茎、攀缘茎、缠绕茎和匍匐茎四类。有些植物的茎在长期的进化过程中改变了原来的功能和形态，这种变化称为变态。有些变态的茎变化得非常奇特，以至在外形上几乎无从辨认。常见的变

态茎有茎卷须、茎刺、根茎、鳞茎、球茎和块茎。

植物的叶

植物的叶一般由叶片、叶柄和托叶三部分组成。

叶片的形状，即叶形，类型极多，就一个叶片而言，上端称为叶端，基部称为叶基，周边称为叶缘，这些部分亦有很多变化。

叶柄上只着生一个叶片的称为单叶，叶柄上着生多个叶片的称为复叶。复叶上的各个叶片，称为小叶，只有一枚小叶的简化复叶，称为单身复叶。

叶在寒冷或干旱季节同时枯死脱落的多年生木本植物称为落叶树。一年四季都有绿叶的多年生木本植物称为常绿树。

有些植物的叶在长期的进化过程中改变了它原来的功能，同时也改变了原来的形态，这种变化称为变态。常见的变态叶有叶刺、叶卷须、捕虫叶等。

营养器官的生长特性

植物的营养生长指植物的根、茎、叶等营养器官的生长。温度高、湿度大、氮肥足时，营养生长特别迅速。有些赏叶植物、赏茎植物和赏根植物，由于采取某些园艺措施，促进它们的营养生长，抑制它们的生殖生长，使有机养料集中用于营养生长，以提高质量。植物营养器官的生长主要是植物体细胞数量的增多和体积的增大。

营养生长是植物转向生殖生长的必要准备。实际上营养生长和生殖生长之间并无严格界限，有相当一段时间，营养生长和生殖生长是同时进行的，并且各方对营养物质有

好玩咾，跟我
头发似的，才几根。
Wang • 2019-01

明显的竞争。营养生长过旺，不利于生殖器官的形成和养分的积累。相反，营养生长过弱，不能满足生殖生长对养分的需求，就会出现早衰。

植物的生殖生长

当植物生长到一定时期以后，便开始分化形成花芽，以后开花、授粉、受精、结果，形成种子。生殖器官通常指花、果实、种子三大器官，而花、果实、种子的生长也就是植物的生殖生长。

对于一年生植物和二年生植物来说，在植株长出生殖器官后，营养生长就逐渐减慢甚至停止。对于多年生植物来说，当它们到达开花年龄后，每年营养器官仍然发育。

花

花是适应于生殖的变态短枝。典型的花由花梗、花托、花萼、花冠、雄蕊和雌蕊组成。构成花萼、花冠、雄蕊、雌蕊的组成单位分别是萼片、花瓣、雄蕊和心皮，它们都是叶的变态。具有雌蕊和雄蕊的花称为两性花，仅有二者之一的称单性花；具有花萼、花冠、雄蕊和雌蕊的花称完全花（如百合花），缺少其中一部分的花称不完全花（如单性的黄瓜花）。

有些植物的一朵花单生在茎上，叫单生花（如荷花），而大多植物有许多花按一定规律排列在花轴上，称为花序。根据开花顺序，可将花序分为无限花序（如紫藤）和有限花序（如唐菖蒲）。

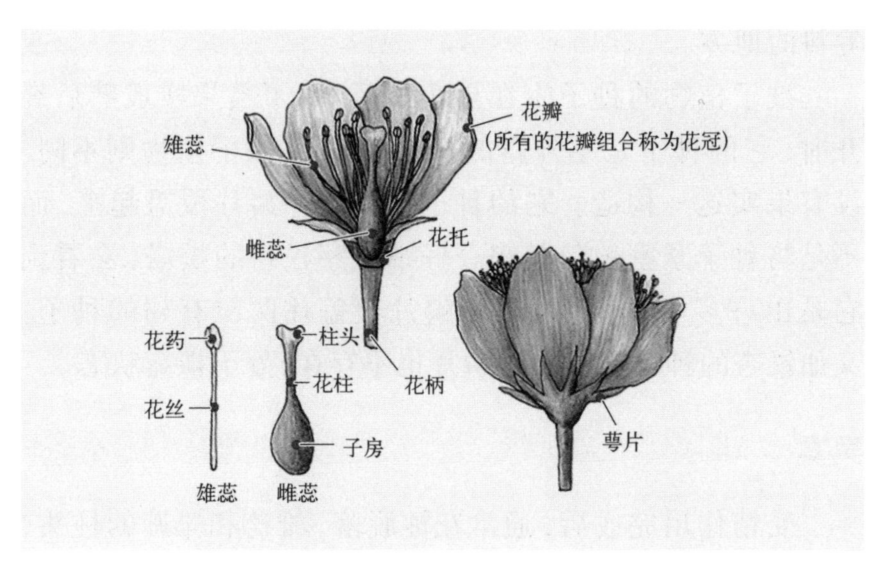

花的组成

当花中雄蕊和雌蕊成熟后，花萼和花冠展开露出雄蕊和雌蕊的现象称为开花。在一个生长季内，一株植物从第一朵花开放到最后一朵花开毕所经历的时间称为开花期。

成熟的花粉以不同的方式传到雌蕊柱头上的过程称为传粉。少数园艺植物的成熟的花粉粒传到同一朵花内的雌蕊柱头上，并能受精结实，称为自花传粉（如凤仙花）。大多数园艺植物的花粉借助外力传到另一朵花的雌蕊柱头上并能受精结实，称为异花传粉。

种子

种子是种子植物特有的繁殖体，它由胚经过传粉受精发育而成。

一般植物的种子由种皮、胚和胚乳三个部分组成。种皮是种子的“铠甲”，起着保护种子的作用。胚是种子最重要的部分，可以发育成植物的根、茎和叶。胚乳是种子集中

养料的地方。

被子植物的种子生在果实里面，除了当果实成熟后裂开时，它的种子是不外露的（如苹果）。裸子植物则不同，没有果实这一构造。它的种子仅仅被一鳞片覆盖起来，而不是将种子紧密地包起来。仔细观察松树的松塔，会看到它是由许多木质鳞片，每一鳞片覆盖住两粒有翅的种子。又如银杏的种子连覆盖的鳞片也不存在，处于裸露状态。

果实

受精作用完成后，通常花被脱落，雄蕊和雌蕊的柱头、花柱枯萎，仅子房生长膨大，发育成果实。

果实大体分为三类，即单果、聚合果和聚花果。

生殖生长的条件

园艺植物的生殖生长及其生殖器官的形成，一方面取决于植物本身的遗传性，另一方面就是外界环境条件的影响。由于植物种类不同，它们的生长发育类型及对外界环境的要求也不同。对于观花、观果类植物，如果只有营养生长而没有及时地开花、结果只是徒长。因此，了解植物生殖生长所需的各种条件，并掌握其规律，对于园艺栽培具有重要意义。

某些植物在生长过程中必须经过一定的低温条件才能开花结实的现象，称为春化现象。采用人为的方法满足植物对低温的要求，称为春化处理。这种低温条件对开花的诱导作用，主要是种植在温带的植物。因为它们的原产地有明显的四季变化，并有严寒的冬季，所以它们形成了在生长过程中，必须经过一定的低温条件，才能开花结果的特性。把刚刚发芽的冬性禾谷类种子在播种之前用0℃～5℃冷冻数日，不论何时播种，均能正常拔节开花。

植物开花结果受光周期的影响非常大。多数植物都要经历一定的光周期才能形成花蕾，然后绽放。这是万亿年来自然进化过程中，每种植物形成的自身独有的基因，植物也能感知季节的变换和昼夜更替，并根据这种变化来调节各项代谢机能，从而控制开花结果的时间。

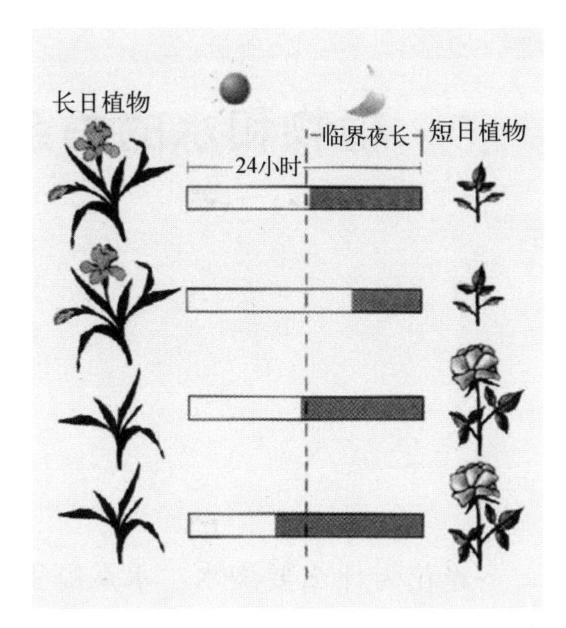

光周期

用植物补光灯给植物补光，这其实也是从影响光周期的角度出发，通过对植物的人工光照，影响植物生长的各个阶段，控制植物的花期。

植物和水的关系

养花为什么要浇水？水从哪里来？自然界中野生植物要浇水吗？空气中的水分对植物重要吗？我们来一一解答。

水的生命性质

水是一切生命机体的组成物质，也是生命代谢活动所必需的物质。水是植物主要的组成成分，植物体的含水量一般为60%～80%，有的甚至可达90%以上，没有水就没有生命。水是很多物质的溶剂，土壤中的矿物质都必须先溶于水后，才能被植物吸收和在体内运转。水能维持细胞和组织的紧张度，使植物器官保持直立状态，以利于各种代谢的正常进行。水是光合作用制造有机物的原料，它还作为反应物参加植物体内很多生物化学过程。水有较大的热容量，当温度剧烈变动时，含水量越多的植物，越能缓冲温度变化，以保护植物免受伤害。

水的生态性质

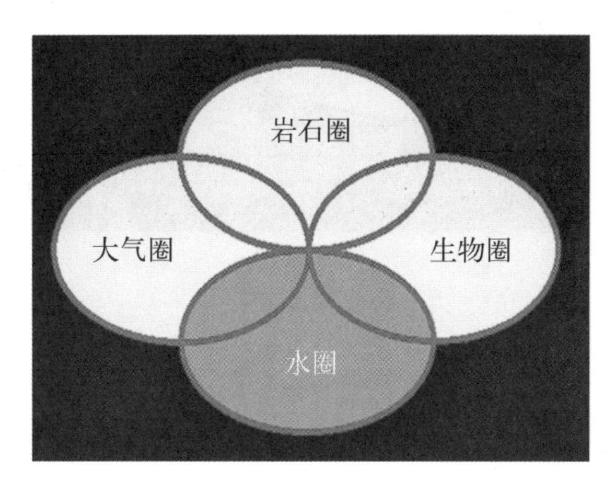

地球生态圈

水源于地球生态圈的“水圈”，分布于海洋、湖泊、沼泽、河流、冰川、雪山，以及大气、生物体、土壤和地层。地球上水的总量约为1.4×10^{18}吨，其中96.5%在海洋中，约覆盖地球总面积的70%。陆地上、大气和生物体中的水只占很少的一部分。

水圈是一个永不停歇的动态系统。在太阳能的作用下，海洋表面的水蒸发到大气中形成水汽，水汽随大气环流运动，一部分进入陆地上空，在一定条件下形成雨雪等降水；大气降水到达地面后转化为地下水、土壤水和地表径流，地下径流和地表径流最终又回到海洋，由此形成淡水的动态循环。这部分水容易被人类社会所利用，具有经济价值，正是我们所说的水资源。

在降雨时，森林中的乔木层、灌木层和草本植物层都能够截留一部分雨水，大大减缓雨水对地面的冲刷，最大限度地减少地表径流。枯枝落叶层就像一层厚厚的海绵，能够大量地吸收和贮存雨水。因此，森林在涵养水源、保持水土方面起着重要作用，有“绿色水库”之称。

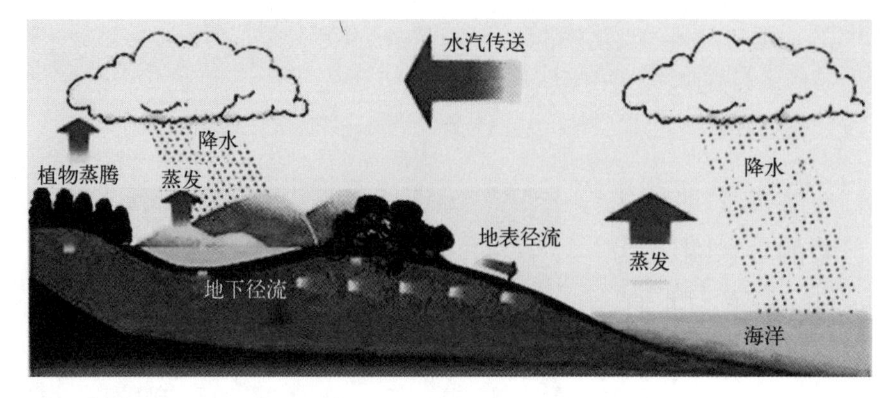

▲ 水循环

水对植物的影响

▼ 植物吸水

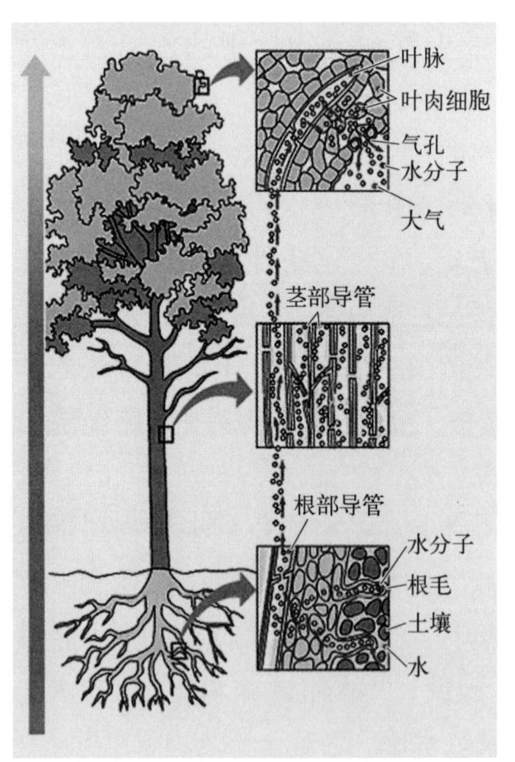

植物需水量是相当大的，一株玉米一天大约需要消耗2千克的水，到成熟共需要消耗的水量大于0.2吨。夏季一株树木一天的需水量约等于其全部鲜叶重的5倍。

在长期的进化过程中，植物通过体内水分平衡即根系吸收水和叶片蒸腾水之间的平衡来适应周围的水环境。如气孔能够自动开关，当水分充

要把植物种
好，第一条是
要有爱心！

足时气孔张开以保证气体交换，当缺水干旱时便关闭以减少水分的散失。

植物对水的适应

陆生植物包括湿生植物、中生植物和旱生植物三类。

湿生植物在潮湿环境中生长，不能长时间忍受缺水，如原产热带沼泽地、阴湿森林中的花卉，热带兰类、蕨类和凤梨、马蹄莲、龟背竹、海芋、万年青等。湿生植物在养护中应掌握宁湿毋干的浇水原则。

中生植物生长在水湿条件适中的陆地上，是种类最多、分布最广和数量最大的陆生植物。如君子兰、月季、石榴、米兰、山茶、扶桑、桂花等。中生植物浇水要掌握见干见湿的原则，即保持60%左右的土壤含水量。

仙人球

旱生植物在干旱环境中生长，能忍受较长时间的干旱，主要分布在干热草原和荒漠地区，多数原产炎热干旱地区的仙人掌科、景天科花卉即属此类，如仙人掌、仙人球、景天、石莲花等。旱生植物原产于经常缺水或季节性缺水的地方，一般耐旱、怕涝，水浇多了则易引起烂根、烂茎，甚至死亡。

浇水的学问

水质要求

植物应该用软水浇灌，因为硬水中所含的钙、镁等无机盐会给植物正常的生理活动带来危害。雨水、河水、湖水、塘水等称为软水，一般呈弱酸性或中性，适合浇灌植物。井水是硬水，不适合浇灌植物。

目前家庭园艺常用的是自来水，常含氯离子，对植物生长不利。如有条件，应将自来水倒入容器（水桶或水缸）存放5～7天，待氯气消散后再用。或在自来水中加入硫代硫酸钠（比例为10 000 ∶ 5），数分钟即可将氯气除去。

水的温度

浇水温度与当时的气温相差不能太大，如果突然浇灌温差较大的水，根系及土壤的温度突然下降或升高，会使根系正常的生理活动受到阻碍，减弱水分吸收，发生生理干旱。因此，夏季忌在中午浇水，以早、晚浇水为宜；冬季则宜在中午浇水，冬季自来水的温度常低于室温，使用时可加些温水，有利于花卉生长需要。

空气的干湿程度

空气的干湿程度称为“湿度”。湿度过低可以在园艺上导致土壤和植物失水。在一般情况下，只要不低于50%，多数品种还能正常生长。湿度可以用湿度计测量。

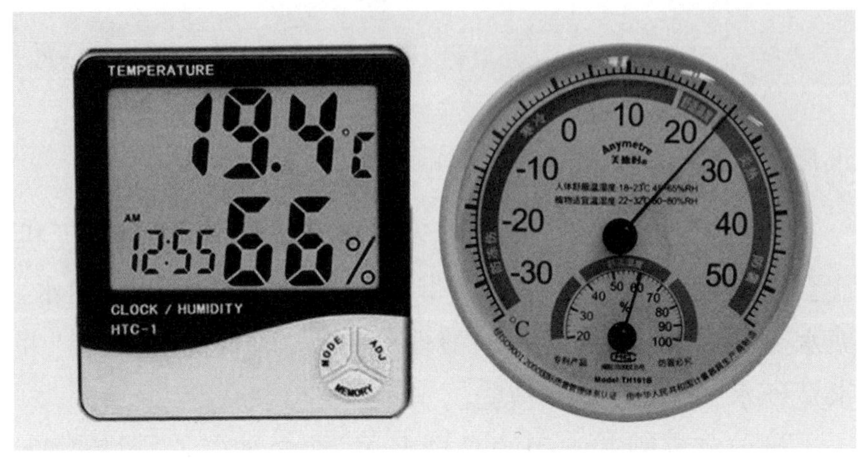

▲ 温度计

湿生植物

如秋海棠、兰花、蕨类、竹芋、杜鹃花等，要求空气相对湿度经常保持在60% ～ 80%。

旱生植物

如仙人球、仙人掌等，要求空气相对湿度约为40%。在我国华北地区，保持一般室内的空气湿度即可。

中生植物

如白兰花、米兰、茉莉花、扶桑等，要求空气湿度不低于60%。为了把植物养好，可以设法调节小环境中的空气湿度，如经常喷水或加盖塑料罩等措施，以提高空气湿度。

植物与土壤

天然土壤是岩石圈表面的疏松表层，从岩石风化而来，是陆生植物生活的基质。土壤提供了植物生活必需的营养和水分，是生态系统中物质与能量交换的重要场所。由于植物根系与土壤之间具有极大的接触面，在土壤和植物之间进行频繁的物质交换和彼此影响，因而土壤是植物的一个重要生态因子，通过控制土壤因素就可影响植物的生长发育。

天然土壤的质地

土壤

天然土壤由固体、液体和气体三部分组成，其中固体颗粒是组成土壤的物质基础，约占土壤总重量的85%以

▲ 沙土

▲ 壤土

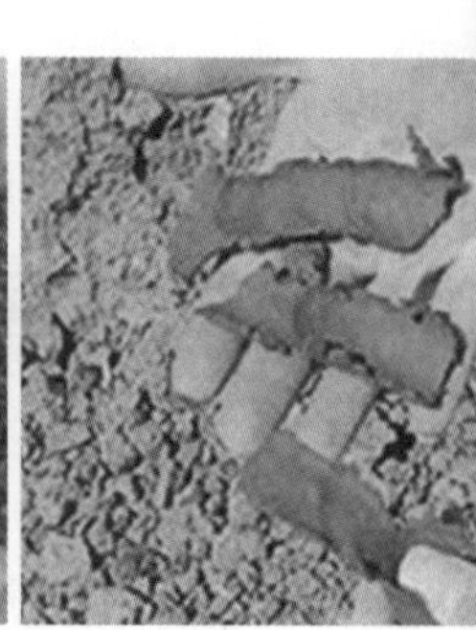

▲ 黏土

上。根据固体颗粒的大小，可以把土粒分为粗砂、细砂、粉砂和黏粒。这些固体颗粒的不同组合可分为砂土、壤土和黏土三大类。

砂土类土壤以粗砂和细砂为主，粉砂和黏粒比重小，土壤黏性小、孔隙多，通气透水性强，蓄水和保肥性能差，易干旱。

黏土类土壤以粉砂和黏粒为主，质地黏重，结构致密，保水保肥能力强，但孔隙小，通气透水性能差，湿时黏、干时硬。

壤土类土壤质地比较均匀，其中砂粒、粉砂和黏粒所占比重大致相等，既不松又不黏，通气透水性能好，并具一定的保水保肥能力，是比较理想的园艺土壤。

天然土壤的结构

土壤结构是指土壤团粒结构的排列方式。土壤团粒结构是由若干土壤单粒黏结在一起形成团聚体的一种土壤结构。因为单粒间形成小孔隙、团聚体间形成大孔隙，所以与单粒结构相比较，其总孔隙度较大。小孔隙能保持水分，大孔隙则保持通气，团粒结构土壤能保证植物根系的良好生长。

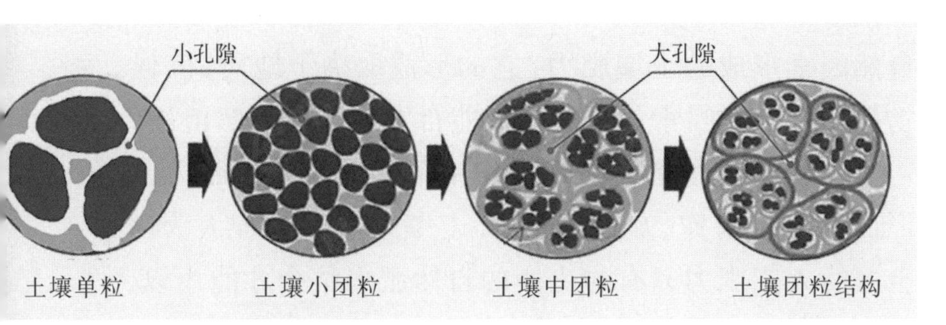

土壤结构的排列方式

具有团粒结构的土壤是结构良好的土壤，它能协调土壤中水分、空气和营养物质之间的关系，统一保肥和供肥的矛盾，有利于根系活动及吸取水分和养分，为植物的生长发育提供良好的条件。

没有结构或结构不良的土壤，土体坚实，通气透水性差，土壤中微生物和动物的活动受抑制，土壤肥力差，不利于植物根系扎根和生长。

天然土壤的肥力

土壤肥力是指土壤及时满足植物对水、肥、气、热要求的能力。肥沃的土壤同时能满足植物对水、肥、气、热的要求，这是植物正常生长发育的基础。

土壤团粒

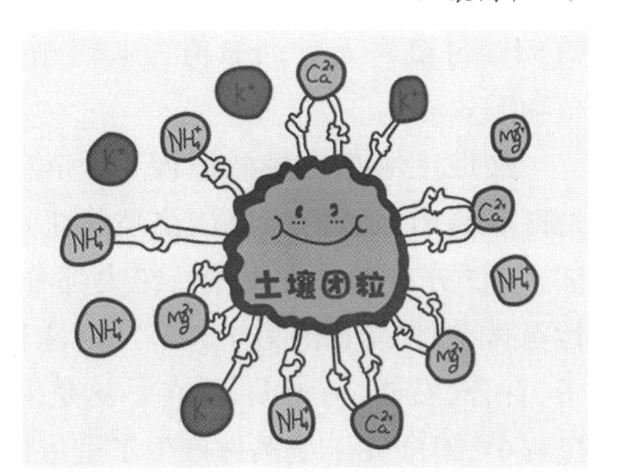

自然肥力是由

自然因素形成的土壤肥力，它的形成取决于地质、气候、生物等各种自然因素。自然肥力能自发地生长天然植被。

人工肥力是指人为因素作用下形成的土壤肥力，它的形成取决于耕作、施肥、灌溉、土壤改良等各种人为因素。土壤的人工肥力只有与土壤的自然肥力结合才能用以人类的农业、林业和园艺生产活动。

土壤的酸碱度

酸碱植物

植物正常生长发育有赖于良好的土壤环境。但在自然界中，植物生长的土壤往往存在着各种各样的障碍因素。例如盐碱土中有高浓度的盐分，酸性土壤中有高浓度的氢离子等。在长期进化过程中某些植物在一定程度上能够忍耐上述不良的逆境条件。

土壤的pH对植物养分利用率影响很大。研究发现，pH值为6.0，所施肥料的约20%对植物无效；pH值为5.5，所施肥料的33%对植物无效；pH值为5，则所施用肥料的约54%对植物无效；pH值为4.5，则施用的肥料约75%对植物无效。

酸性土壤指土壤酸碱度小于7的土壤，我国南方多雨地区或高山区域的土壤往往呈酸性。我国热带、亚热带地区，广泛分布着酸性土壤。绝大部分观赏植物都是喜欢酸性至微酸性（pH值为5.5～7.0）土壤条件的，如杜鹃、栀子、百合、石楠、万寿菊、忍冬。这是因为它们在长期的进化过程中，对酸性土壤条件产生了适应性。

碱性土壤指土壤酸碱度大于7的土壤；我国长江以北的土壤往往呈中性或碱性。喜碱性的观赏植物有石榴、榆叶梅、夹竹桃、连翘、木香、枸杞、木槿、紫藤、迎春、丁香、杜梨、合欢、泡桐、无花果、杏、梨、月季等。

土壤酸碱度观测方法

有些花卉喜欢酸性土壤，有些花卉喜欢碱性土壤，如果不区别对待，容易导致花卉不开花或者开花瘦弱、易生虫等。

1. 看土壤是否板结

如果土壤干得快，经常板结，则为碱性土，如果土壤松软，则为酸性土。

2. 看土壤形状

抓一把盆栽土，仔细观看，如果球型土或者颗粒型土比较多，则此土壤偏酸性，如果土壤呈细沙状或者粉末状，则为碱性土。

3. 看土壤颜色

如果栽培土是黑色、褐色、棕黑色的，是酸性土。如果是土壤发白或者呈浅黄色则为碱性土。

4. 土壤浇水观察

往土上浇水，若是有白色细碎的泡沫随水漂浮起来，则为碱性土壤，白色泡沫越多碱性越大。若是水表面没有白色泡沫，则为酸性土壤。

最快捷的pH试纸测定法

将土壤用凉开水以1 ∶ 2的比例掺和，经沉淀倒出土壤溶液于玻璃器皿中，将常用的pH试纸撕下一条，浸入欲测定的土壤浸出液中，半秒钟后取出，将其与标准版比较，

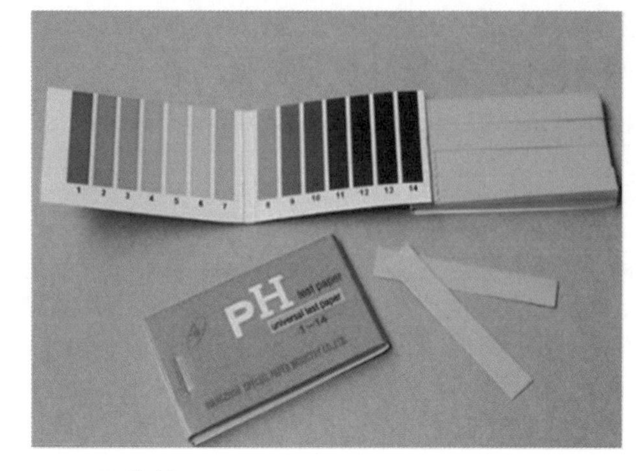

▲ pH试纸

即可读出pH测试值。简单地说，pH值等于7为中性，小于7为酸性，大于7为碱性。根据我国土壤酸碱度情况，共分为五级，pH值在6.5～7.5为酸性土，若为7.5～8.5，则为碱性土；若pH值为5.0～6.5，则为酸性土；pH值小于5.0为强酸性土，pH值大于8.5为强碱性土。

人工配制培养土

室内及温室花卉大多栽植在盆内。由于花盆体积有限，植株生长期又长，一方面要求培养土有足够的营养物质，还要求其空隙适当，有一定的保水功能和通气性，因此需要人工配土，这种土被称为培养土。花卉种类繁多，生长习性各异，培养土应根据花卉生长习性和材料的性质调配。

配制培养土的材料

1. 园土

普通的栽培土因经常施肥耕作，肥力较高，富含腐殖质，团粒结构好，是培养土的主要成分。用作栽培月季、石榴及草花效果良好。缺点：表层易板结，通气透水性差，不宜单独使用。

2. 腐叶土

利用各种植物叶子、杂草等掺入园土，加水和人粪尿发酵而成。土壤呈酸性，暴晒后使用。

3. 河沙

可选用一般粗沙，是培养土的基础材料。掺入一定比例的河沙有利于土壤通气排水。

一船培养土的配制比例如下：

一般草花：腐叶土30%、园土50%、河沙20%。

木本花卉：腐叶土40%、园土50%、河沙10%。

温室花卉：腐叶土40%、园土40%、河沙20%。

如何改良盆栽花卉土壤的酸碱性

由于环境有限，盆栽土的酸碱性不是恒定不变的，它会随着花卉的生长一直变动，因此我们需要经常注意改良盆土的酸碱性，使花卉健康成长。

将碱性土壤改良成酸性土壤

1. 食用醋

取食用醋1份，加水30份，充分混合，使酸水略显颜色。用酸水浇碱性土壤。

2. 淘米水

把淘米水倒入一个大瓶子里，密封一两周发酵，可直接浇灌或兑水稀释后浇灌碱性土壤。

3. 环保酵素

把各种水果皮和腐烂变质的水果收集到一个瓶子里，加入适量水，密封发酵一两周，取发酵水兑清水浇灌碱性土壤。

4. 过磷酸钙

过磷酸钙能改善碱性土壤，防止酸性土壤盐碱化。

5. 硫酸亚铁

每月用一次稀释的硫酸亚铁溶液来调节土壤酸碱度。

6. 硫黄粉

把硫黄粉碾碎成粉末，和土壤混合均匀，可调节土壤pH值，降低盐碱度。

将酸性土壤改良呈碱性土壤

1. 熟石灰

用熟石灰对花卉根系的伤害相对较小，直接跟盆土搅拌或者是洒在盆土表面即可。

2. 草木灰

直接把干枯的植物焚烧后取用剩余的黑灰即可，这就是草木灰。不但能使盆土由酸变碱，还是很不错的钾肥。

肥沃土壤的标志

具有良好的土壤性质，丰富的养分含量，良好的土壤透水性和保水性，通畅的土壤通气条件和良好的吸热、保温能力。

植物营养学

养花需要施肥，那么自然界中的野生植物需要施肥吗？肥料从哪里来？我们从植物营养的矿质学说谈起。

植物营养的矿质学说

19世纪30年代，德国科学家首先发现植物的生长发育需要15种无机营养元素，并提出矿质营养学说，认为矿物质是植物生长发育所需要的最原始、最基本的养分。

随着科学的发展，现在公认的植物必需元素有17种，即氢、碳、氧、氮、钾、钙、镁、磷、硫、氯、硼、铁、锰、锌、铜、钼及镍。其中除氢、碳、氧一般不看作矿质营养元素外，对氮、钾、钙、镁、磷、硫6种元素，植物所需的量比较大，称为大量元素。对氯、硼、铁、锰、锌、铜、钼、镍，植物需要的量微小，称为微量元素。

非矿质营养元素的碳、氧是由植物叶片以二氧化碳形式在大气中吸收；氢以水的形式和所有矿质营养元素是植

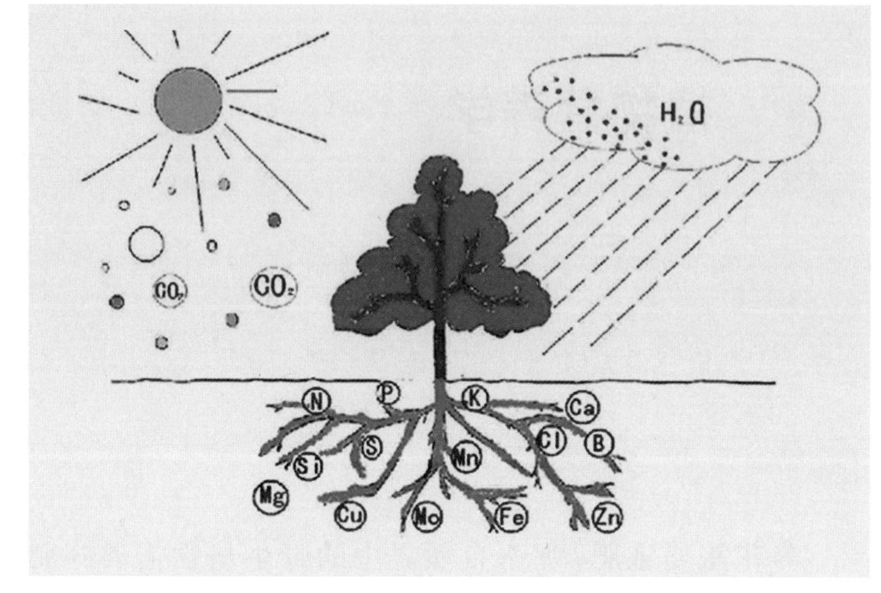

▲ 植物的营养吸收

物根系从土壤中吸收的。

常用园艺肥料

常用的肥料分有机肥料和无机肥料两类。

有机肥料

通常分为动物性有机肥料和植物性有机肥料。动物性有机肥料包括人粪尿,禽畜类的羽毛蹄角和骨粉,鱼、肉、蛋类的废弃物等。植物性有机肥料包括豆饼及其他饼肥、麻酱渣、杂草、树叶、绿肥、中草药渣、酒糟等。这两类肥料均为迟效性肥料,养分较全,肥效较长,使用前必须经过发酵腐熟后,使有机成分被分解成无机成分方能被植物吸收。

1. 饼肥类

麻酱渣、豆饼、花生饼、棉籽饼、菜籽饼中含有大量的氮、磷、钾，沤制后属于酸性肥料，比较适合酸性土花卉，干施时肥效缓慢释放，水施时可作为速效性肥料。使用前要充分腐熟，可用密封的缸、罐、瓶等沤制。沤制时间2～3个月，依温度高低而定，施用时可将上面的清液兑水20～30倍浇灌，清液取出后还可加水继续沤制。

2. 鸡鸭粪

鸡鸭粪及其他禽类粪便是磷肥的重要来源，同时含氮量也较高，比较适合观果类花卉。使用前要堆沤，堆沤时间约为两个月，宜做基肥及追肥使用。

3. 淘米水

淘米水

淘米水含磷元素较为丰富。磷能促使花芽的分化，有利于花蕾的形成。但淘米水不能直接施用，否则施用后在土壤中发酵会产生热量烧伤植物根系及滋生害虫。淘米时先放入少量的水，这样淘米水的浓度较高，然后放入密封的缸、罐中，经过15～20天的发酵即可使用，使用时加少量的水稀释。

4. 矾肥水

矾肥水是一种偏酸性的肥料，用于浇灌喜酸性土壤的花卉，效果良好。常用的配制方法如下：水20千克、饼肥或

蹄片1千克、硫酸亚铁250克，一起投入缸内置阳光下暴晒发酵1个月，取其上清液兑水10倍稀释后即可使用。用这种水浇过的土壤呈微酸性。

5. 蹄角类

有蹄类动物的蹄和角均属此类，主要含有氮、磷、钾等元素，肥效因施用方法不同而异。可直接施放在盆土的下层或靠近花盆的边缘，肥效慢慢释放，可维持一年左右，也可以用缸、罐等密封沤制成速效性的有机肥。

6. 动物内脏

动物内脏可用堆制方法处理，在室外找一块空地，挖坑埋入土壤中，并加入一些杀虫剂，经几个月后即可成为高效的有机肥，与培养土混合使用或做基肥使用。

7. 骨粉

骨粉是将哺乳动物骨头经过炼油、干燥和粉碎后的产品。粗制骨粉约含钙23%，磷10%，可作肥料。骨粉富含磷元素，是一种迟效性肥料，最好与其他有机肥混合后沤制，一般多做基肥使用。可使花卉的茎高强度增强及提高花卉品质。

无机肥料

无机肥料是用化学合成方法制成或由天然矿石加工制成的富含矿物质营养元素的肥料。无机肥料也称化学肥料，分为单一化肥、复合化肥和全营养复合化肥。

1. 单一化肥

是指含有一种大量营养元素的化学肥料。如氮肥包括尿素、氯化铵等。磷肥包括磷矿粉等。钾肥包括氯化钾等。单一化肥不能满足植物对营养的需求，所以应进行混合施用。

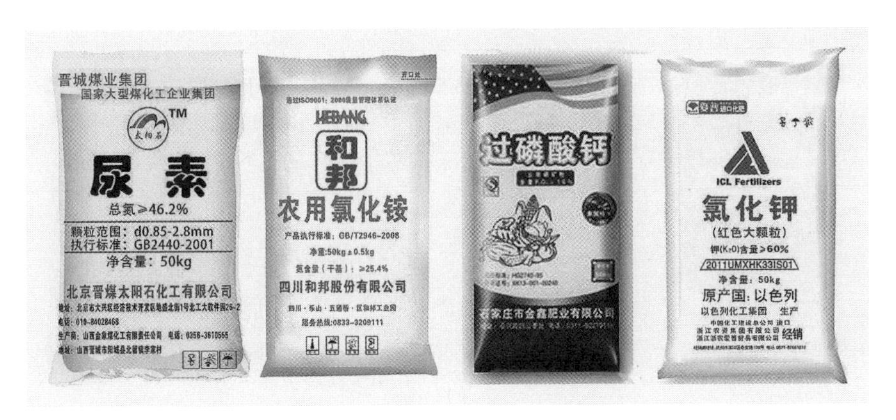

单一化肥

2. 复合化肥

是指氮、磷、钾三种养分中，至少含有两种大量营养元素的化学肥料。如过磷酸钙、硝酸铵、硫酸钾、硫酸铵等。复合化肥养分含量高、副成分少，对于平衡施肥、提高肥料利用率、促进植物生长有着十分重要的作用。

复合化肥

3. 全营养复合化肥

是一种营养成分含有全氮、硝态氮、铵态氮、脲态氮、水溶性磷、水溶性钾、硼、锌、铜、铁、锰、钼，并可以完全溶

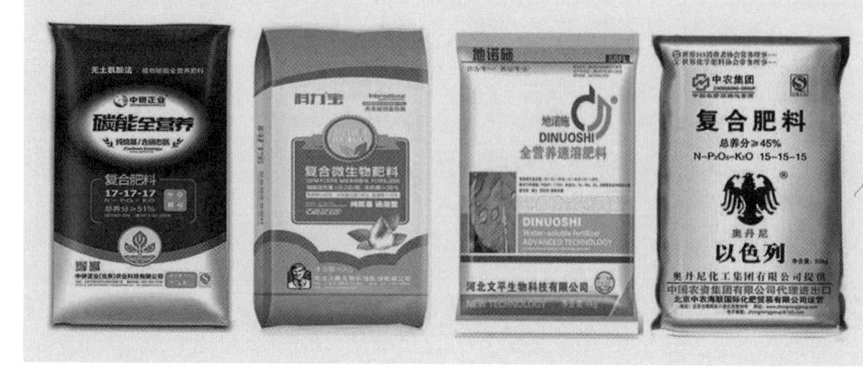

▲ 全营养复合化肥

于水的多元复合肥料，所以又称全水溶性化肥。能迅速地溶解于水中，更容易被作物吸收，而且其吸收利用率相对较高，更为关键的是可以应用于喷滴灌等设施农业和园艺，实现水肥一体化，适用于滴灌和叶面喷施。比如挪威罗姆斯、以色列普利丰等品牌的全水溶性化肥，适用于各种农业和园艺作物，为作物提供均衡的营养。这些产品按作物不同生长时期提供科学配比的氮磷钾，同时添加多种微量元素，满足作物快速生长需求。

化肥的肥效快，但不持久，一般都做追肥用。长期使用化肥，土壤有机质下降，腐殖质不能得到及时地补充，会引起土壤板结和龟裂。

植物和阳光的关系

阳光是最重要的自然光源，它普照大地，使整个世界变得姹紫嫣红，五彩缤纷。正是由于阳光的照耀，才使大地富有生气；花开果熟，生物生生不息。

阳光的性质

阳光由波长范围很广的电磁波所组成，波长范围在150～4 000纳米，其中可见光的波长在380～760纳米，可见光谱中根据波长的不同又可分为红、橙、黄、绿、青、蓝、紫七种颜色的光。波长小于380纳米的是紫外光，波长大于760纳米的是红外光，它们都是不可见光。

阳光具有最大的生态学意义，因为只有可见光才能在光合作用中被植物所利用并转化为化学能。植物叶片对可见光中的红橙光和蓝紫光的吸收率最高，因此这两部分称为生理有效光；绿光被叶片吸收极少，称为生理无效光。

不同波长的光线对于植物光合作用的影响是不同的，

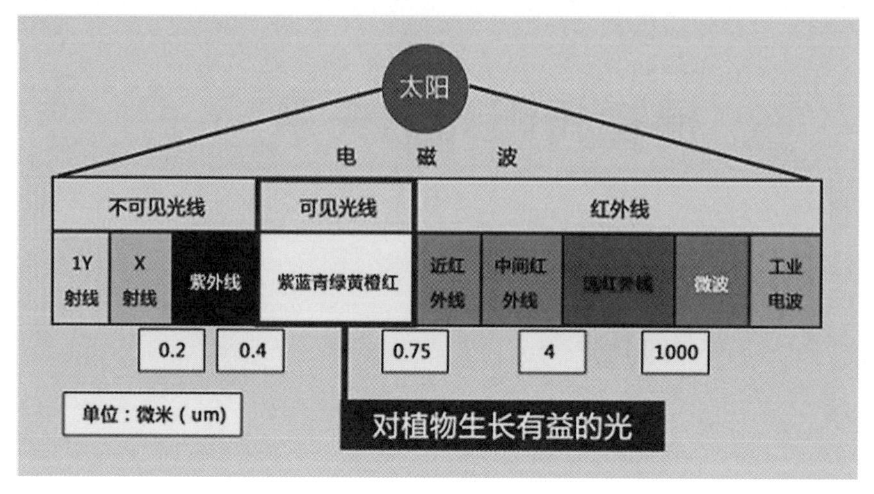

▲ 太阳光的光谱分类

植物光合作用需要的光线，波长在400～700纳米，400～500纳米（蓝色）的光线以及610～720纳米（红色）对于光合作用贡献最大。蓝色光有助于植物光合作用，促进绿叶生长，蛋白质合成，果实形成；红色光能促进植物根茎生长，有助于开花结果和延长花期。

自然光照对植物的影响

光照时数

自然界一昼夜24小时为一个光照周期。根据植物开花过程对光照时间长度的要求，可将植物分为以下三个生态类型。

1. 短日照植物

每天日照时数必须在12～14小时以下才能进入花芽分化、现蕾、开花。当每天的日照时数减少到10～11小时以下才能开始进行花芽分化，如报春花、菊花、一品红等。这类植物在长日照条件下只能进行营养生长，不能进行花芽分化，但入秋后随着日照时数的减少就开始进入花芽分化。

2. 长日照植物

原产温带及寒带的长日照植物，旺盛生长期在夏季，每天日照时数在12～14小时以上才能开始花芽分化，进而现蕾、开花。而且在一定范围内，光照时间越长，开花越早。每天日照时数在13～14小时以上有利于促进花芽分化。春夏季开花的植物，多属于长日照植物，如鸢尾、杜鹃、八仙花、仙客来、木槿、翠菊、凤仙花、金盏花、唐菖蒲等。

3. 日照中性植物

这类植物对日照长短的反应不敏感，开花不受日照长短的影响，只要温度适宜，一年四季都可开花。如马蹄莲、扶桑、天竺葵、倒挂金钟、月季、香石竹、百日草等。

光照强度

室内园艺限制植物生长的主要生态因子是光。植物在光补偿点时，有机物的形成和消耗相等，没有累积。如果光照强度达不到光补偿点，植物的消耗将大于积累。

光照强度

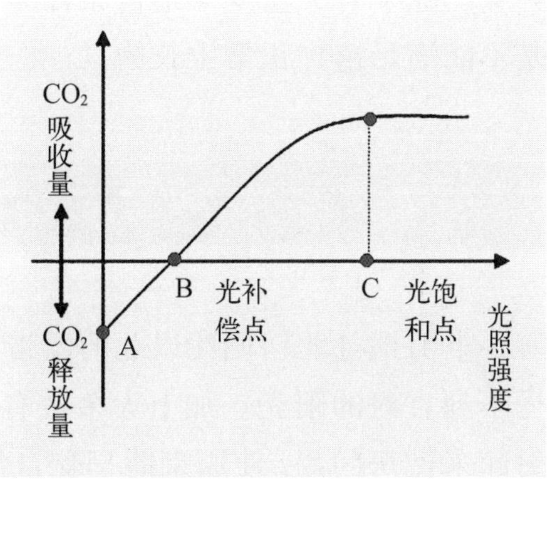

在一定的光照强度范围内，植物光合作用的速率随着光照强度的增加而

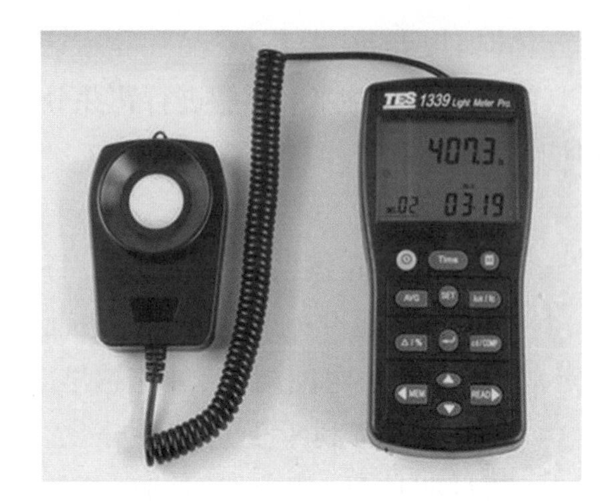

▲ 光照仪

加快，超过一定的强度，光合作用速率不再加快。图中B点表示为光补偿点，C点表示为光饱和点。

光照强度是一种物理术语，简称照度，单位勒[克斯](lx)。夏季在阳光直接照射下，光照强度可达6万～10万lx，没有太阳的室外也可达0.1万～1万lx，夏天明朗的室内有100～550 lx，夜间满月下为0.2 lx。光照强度是可用光照仪测量的。

一般认为低于300 lx的光照强度，植物不能维持生长；照度在300～800 lx，若每天保证能延续8～12小时，则植物可维持生长，甚至能增加少量新叶；照度在800～1 600 lx，若每天能延续8～12小时，植物生长良好，可换新叶；照度在1 600 lx以上，若每天延续12小时，甚至可以开花。除了有天窗或落地窗条件外，仅靠室内一般漫射光，是不能满足植物正常生长的。

人工光照

上海地处北回归线以北的温带，一年四季阳光斜射，享受不到直射的阳光。加上大多数有阳台的家庭都会把阳台封起来做房间用，使原来能享受自然阳光、自然雨水、自然风的“窗口”失去了和大自然交流的功能。

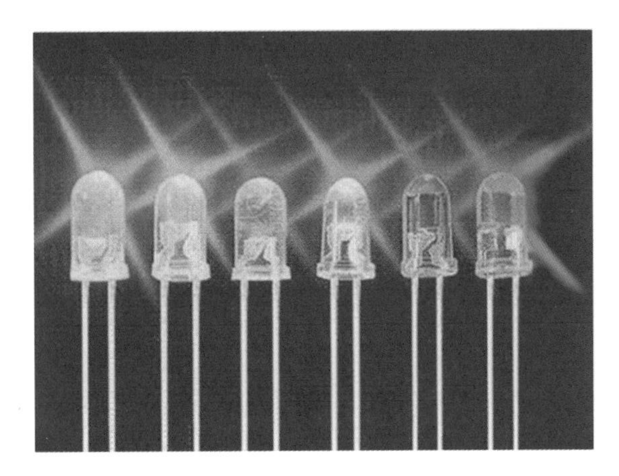

LED发光器件

室内自然光照不足以维持植物生长，故需设置人工光照来补充。以前常见的有白炽灯和荧光灯，现在有新型LED灯。

白炽灯补光：优点是光源集中，价格低，红光多。缺点是能量功效低，光强常不能满足开花植物的要求；温度高，寿命短；光线分布不均匀、费电等。

荧光灯补光：优点是发光效率是白炽灯的3～4倍，能量功效大，放出的热量少，寿命是白炽灯的9倍；光线分布均匀，光色多，蓝光较高。缺点是安装成本较高。

LED补光：LED（Light Emitting Diode），是一种叫发光二极管的半导体器件，它可以直接把电转化为光。优点

LED植物生长补光

是体积小重量轻，亮度高热量低，耗电超低寿命超长。是目前最理想的替代传统光源的植物生长人造光源。在缺少日光的环境，这种灯完全可充当日光，使植物能够正常或者更好地生长发育，具有壮根，助长，调节花期、花色，促进果实成熟的作用。

植物和温度的关系

植物对温度的要求

各种植物都要求有一定的温度条件，其生长和繁殖要在一定的温度范围内进行。在此温度范围的两端是最低和最高温度。低于最低温度或高于最高温度都会引起植物体死亡。最低与最高温度之间有一最适温度，在最适温度范围内植物生长繁殖得最好。

各类植物能忍受的最高温度界限是不一样的。一般说来被子植物能忍受的最高温度是49.8℃，裸子植物是46.4℃。有些荒漠植物如生长在热带沙漠里的仙人掌科植物在50～60℃的环境中仍能生存。温泉中的蓝藻能在85.2℃的水域中生活。植物能忍受的最低温度因植物种类的不同而变化很大，热带植物生长的最低温度一般是10～15℃，温带植物生长的最低温度在5～10℃，寒带植物在0℃甚至以下仍能生存。地球上各地带的植物需要的最适温度的范围也是不同的。热带植物生活最适温度范围

多在30～35℃；温带植物多在25～30℃，而寒带植物的最适温度一般稍高于0℃便可正常生长。

植物对温度的适应

温度是各类园艺植物生存的重要条件。不论其他环境条件如何适宜，如果没有适合的温度条件，植物就难以生存。由于植物种类繁多，对温度的要求也各不相同，因此根据植物原产地的温度情况，将其分为耐寒植物、喜温植物和耐热植物三种类型。

耐寒植物

富贵子

耐寒植物一般能耐-2～1℃的低温，短期内可以忍耐-10～5℃低温，最适温度为15～20℃。根茎类植物冬季地上部分枯死，地下部分越冬能耐0℃以下，甚至-10℃的低温，如杜鹃花、风信子、仙客来、水仙、茶花、报春花、富贵子、百合、蕙兰、蜡梅、葱兰、金橘、苏铁等。

喜温植物

喜温植物的种子萌发、幼苗生长、开花结果都要求较高

绿萝

马缨丹

的温度，最适温度为20～30℃，花期气温低于10～15℃则不宜授粉或落花落果，如发财树、平安树、富贵竹、龟背竹、虎皮兰、芦荟、绿萝、白兰、茉莉等。

耐热植物

耐热植物的生长发育要求温度较高，最适温度30℃左右，个别种类可在40℃下正常生长。如繁星花、马缨丹、蓝雪花、牵牛、扶桑、太阳花、万寿菊、美人蕉、沙漠玫瑰、龙船花、鸡冠花、矮牵牛等。

上海地区自然气温特点

上海濒江临海，属亚热带湿润海洋性季风气候。主要气候特征是春天温暖夏天炎热，秋天凉爽冬天阴冷。由于城区面积大、人口密集，上海城市气候具有明显的城市热岛效应。上海全年平均气温16℃，气温最高的是7、8两月。

这些年上海的夏天越来越热，超过35℃的高温天数10天左右，历史最高气温40℃出现在2017年。冬季1月下旬到2月初最冷，最冷的天数一般持续3天，历史最低气温-10℃出现在1977年。

阳台园艺相应措施

在上海，阳台园艺在夏季要做好降温工作，喜阴植物一定要遮阳，喜阳植物要做好通风工作，中性植物在中午也要适当荫蔽。更重要的是要做好阳台环境喷水，根据温度高低，一天要进行多次，绝不能只限夜间进行。由于空气湿度增加了，相对降低了阳台气温。这样阳台墙面和地面白天吸热就少，夜间放出辐射热也就少，对阳台上盆栽植物生长大有好处。到冬季，阳台风大，较地面寒冷，除了一些较耐寒的植物可在阳台上越冬外，一般植物要及时移入室内越冬。

家庭暖棚

上海地区因地理位置和气候条件，有相当多的园艺植物种类是很难在自然状态下安全过冬的。对于家庭园艺爱好者来说，在有限的居家条件中，必须要有一块花费不大却能让这些植物能熬过“严寒”的地方，这就是家庭暖棚。暖棚是节能日光温室的俗称，是一种在室内不加热的温室，即使在上海最寒冷的季节，只依靠太阳光来维持室内一定的温度水平，以满足家庭园艺植物生长的需要。

家庭暖棚

家庭暖棚的要求有两个：透光率高一些，保温性好一些。一般来说，透光材料可选择塑料薄膜或玻璃，保温性好无非就是不要漏风。如果能做到透光率在60%以上，室内外气温差可保持在10～15℃以上就很好了。

家庭暖棚可大可小，只要适合自己的需求，可用在庭园，也可用在阳台或露台。可根据经济条件选择做永久固定型的或临时拆装型的。市场上有不同档次的现成产品，愿意动手的园艺爱好者完全可以做一个自己喜欢的小暖棚。

温度的测量

温度的测量单位分华氏温度和摄氏温度，分别用℉、℃表示。华氏温度与摄氏温度的关系为℉=9/5℃+32，或℃=5/9(℉-32)。家庭园艺常用温度计如下图所示：

0
10
20
30
40
50
-10
-20
-30
GEMlead
°C
Model:TH101B

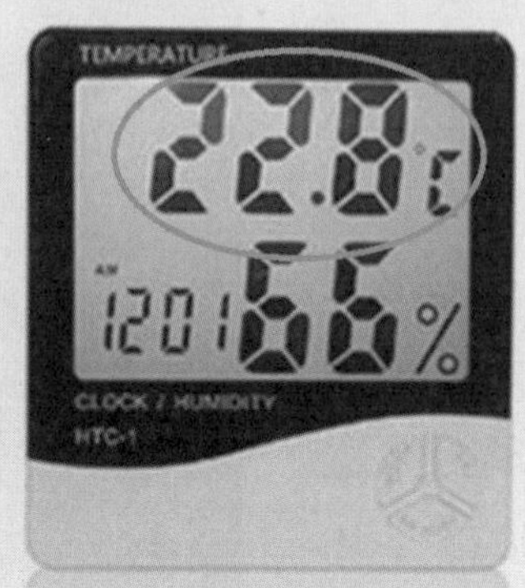
TEMPERATURE
22.8°C
AM
1201
66%
CLOCK / HUMIDITY
HTC-1

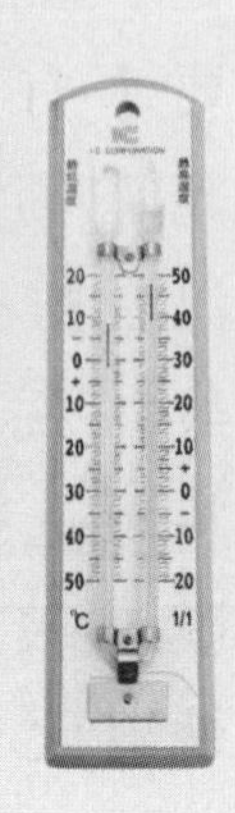

▲ 温度计

植物和空气的关系

空气对植物的生存如同对动物一样是至关重要的。在光合作用中，植物需要空气中的二氧化碳来制造养料。不过植物在没有光照时，也需要从空气中吸取氧，放出二氧化碳。氧气是植物在光合作用中向空气中释放的“废物”。在地球发展的历史进程中，植物在大气中逐渐聚积起了氧气，只有在空气中有了足够的氧气时，动物才能生长和进化。

大气的生态作用

和植物生长关系比较重要的大气成分是氧、二氧化碳和氮三种气体。

氧气的生态作用

大气中的氧气浓度为21%，氧在自然界呈现循环状态。动植物的呼吸作用及人类活动中的燃烧都需要消耗氧气，

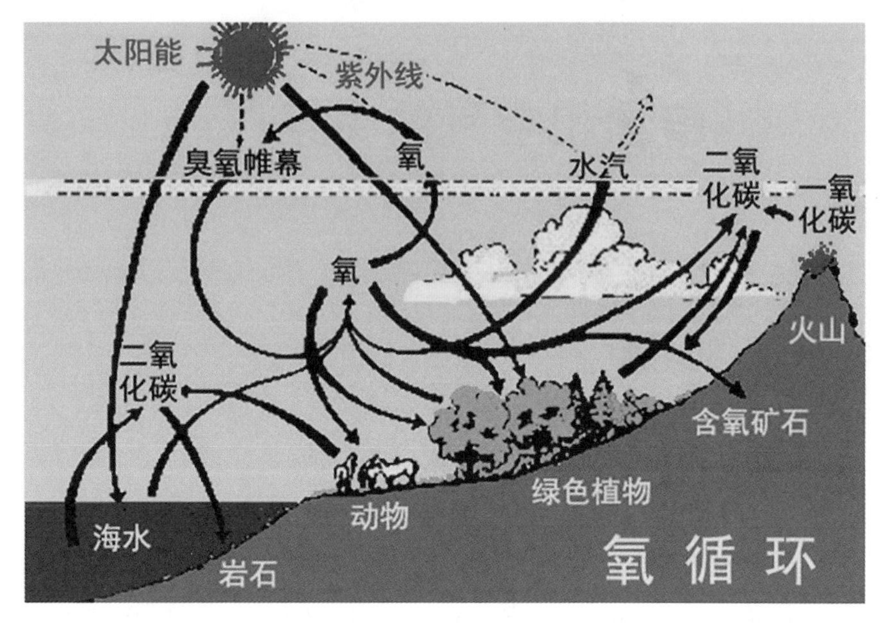

▲ 氧循环

产生二氧化碳。但植物的光合作用却大量吸收二氧化碳，释放氧气，如此构成了生物圈的氧循环。

氧气是植物呼吸作用的主要原料，植物进行呼吸作用离不开氧气。大多数陆生植物的根尖细胞不能长期忍受无氧环境，如果缺氧，就会影响根系的生长及吸收能力，造成植物的死亡。

二氧化碳的生态作用

大气中二氧化碳的浓度为0.03%。植物通过光合作用从大气中吸收碳的速度，与通过生物的呼吸作用将碳释放到大气中的速度大体相等，因此大气中二氧化碳的含量在受到人类活动干扰以前是相当稳定的。在近地表，二氧化碳浓度因城市人口聚集，化石燃料大量消耗，加上平静无风的环境问题存在浓度升高，导致热岛效应。

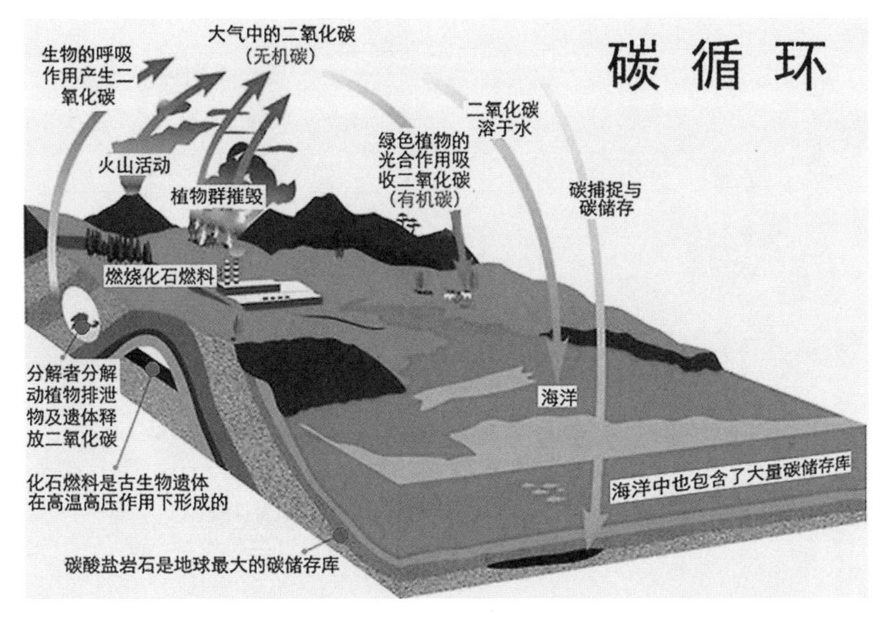

碳循环

二氧化碳是植物光合作用的主要原料，大气中的二氧化碳被植物吸收后，通过光合作用转变成有机物质，然后通过生物呼吸作用和细菌分解作用又从有机物质转换为二氧化碳而进入大气。

氮气的生态作用

大气中的氮气浓度为78%。氮循环是生物圈内基本的物质循环之一，如大气中的氮经微生物的作用而进入土壤，为植物所利用，最终又在微生物的参与下返回大气中。

氮是构成生命物质最基本的成分，土壤中的氮普遍不足，可是植物不能直接利用大气中的氮气，要么通过生物固氮，豆科植物利用共生的固氮菌把空气中的氮气变成硝酸盐；要么通过工业固氮，将氮气生产合成氨，才能被植物吸收；还有一种大气固氮，依靠雷电把氮气变成含氮化合物。

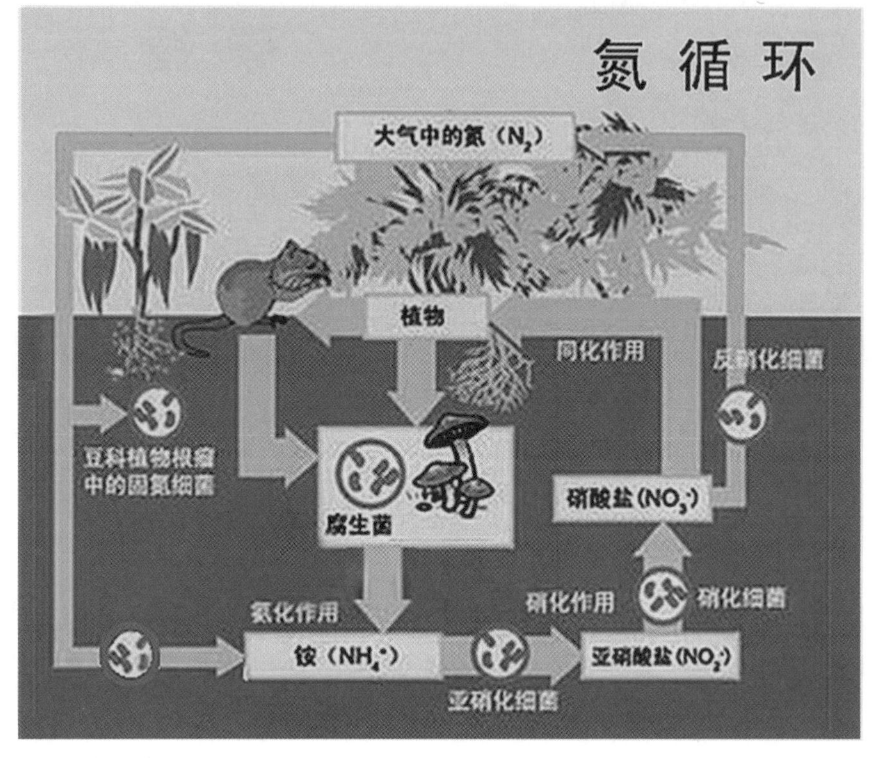

▲ 氮循环

大气污染对植物的危害

大气污染是指在空气的正常成分之外又增加的新的成分，或者原有成分大量增加而对人类健康和动植物生长产生危害。植物容易受大气污染危害，是因为它们有庞大的叶面积同空气接触并进行活跃的气体交换。

植物受大气污染物的伤害一般分为两类：一是受高浓度大气污染物的袭击，短期内即在叶片上出现坏死斑，称为急性伤害；二是长期与低浓度污染物接触，因而生长受阻，发育不良，出现失绿、早衰等现象，称为慢性伤害。

大气污染物中对植物影响较大的气体主要是二氧化硫、氟化物、光化学烟雾、乙烯和悬浮颗粒物。

大气污染对植物的危害

二氧化硫对植物的危害

二氧化硫从气孔进入，逐渐扩散到海绵组织和栅栏组织细胞。二氧化硫对植物的伤害，最初受害的部位是光合作用最活跃的栅栏组织的细胞膜，然后是海绵组织的细胞膜受到伤害，随之叶绿体和叶绿素相继破坏。与此同时，细胞质分离，组织脱水、枯萎、死亡，最后导致叶表面受害，形成许多褪色斑点。

氟化物对植物的危害

氟化物是一类对植物毒性很强的大气污染物，包括氟化氢、氟化硅、氟化钙等。氟化物对植物的毒性比二氧化硫

高10～1 000倍，比重轻，扩散远，会远距离危害植物。植物受害后，主要是嫩叶、幼芽上首先发生症状，叶边退绿，叶尖或叶缘出现伤区，伤区与非伤区之间常有一红色或黑褐色的边界线，有的植物会大量落叶。

光化学烟雾对植物的危害

臭氧对植物的危害主要是首先侵害栅栏组织，然后再侵害海绵细胞，形成透过叶片的密集的红棕色或黄褐色的细小坏死斑点。同时，植物组织机能衰退，生长受阻，发芽和开花受到抑制，并发生早期落叶、落果现象。

过氧乙酰硝酸酯对植物的毒性很强。它在中午强光照时反应强烈，夜间作用降低。危害植物的症状表现为，叶子背面海绵细胞或下表皮细胞原生质被破坏，使叶背面逐渐变成银灰色或古铜色，而叶子正面却无受害症状。

乙烯对植物的危害

乙烯是一种天然植物激素。它在植物开花、果熟、衰老和脱落过程中起着重要的作用；同时它又是毒害植物的大气污染物。乙烯对植物伤害的典型特征是叶片发生不正常的偏上生长、失绿黄化变形、落叶或大量落花落果，生长受阻或开花受抑等。

悬浮颗粒物对植物的危害

绿色植物之所以能减尘，一方面由于叶子茂密，具有降低空气流动速度的作用，随着风速降低，空气中携带的颗粒灰尘便下降；另一方面由于叶子表面不平，多绒毛，有的还能分泌黏性油脂或汁液，能起到黏附作用，空气中的尘埃经过，便附着其上。大气中的悬浮颗粒物最终都会沉降到地面及植物的叶面上，颗粒物中包含的有毒有害物质就会影响到植物的新陈代谢和生长。严重的雾霾会遮挡阳光，影响植物的光合作用和呼吸作用。

空气的流动对植物的作用

自然界的空气流动会形成风。

风对植物有利的生态作用

风帮助植物授粉和传播种子。兰科和杜鹃花科的种子细小，杨柳、菊、铁线莲、蒲公英的种子带毛，榆树、槭树、枫杨的种子或果实带翅，它们都借助于风来传播。银杏、松、云杉等的花粉也都借风传播。

借风传播的蒲公英

人工通风对温室种植的重要作用

在空气湿度很高的玻璃温室内，为了保持二氧化碳浓度，维持光合作用，降低植物体周围的过高温度和湿度，防止病害发生，就需要有一些通风设备及时通风保持空气流通。最简单的就是开窗或用排风扇制造人工气流。

▲ 玻璃温室

自然风对植物的消极作用

和风对植物生长有利，而强风和冷风会使植物受到损伤、倒伏或冻害。风还能传播病原体和有害昆虫，使植物病虫害蔓延。对于花期较早易受冻害的植物，应选择避风处栽培，在冬季或早春应该用塑料薄膜包裹树干以至遮盖全株等办法加以保护。

▼ 植物防冻措施

家庭园艺基本工具

园艺是一个技术性很强的工作，俗话说，工欲善其事必先利其器，而对于园艺爱好者们来说，顺手而实用的园艺工具是养好花卉的“利器”。因此，对初进入园艺领域的“花友们”来说，在园艺工具上需要认识和掌握的知识并不比花卉树木少。

园艺工具准备的原则

在园艺超市，有琳琅满目的园艺工具，各种功能的工具可以满足园艺活动从业余到专业的一切需求，其价格的低廉和品种的繁多超出我们的想象。

根据养花环境选择工具

不同的养花环境对园艺工具有不同的要求。室内养花人需要配备花架、花盆、喷水壶、嫁接刀、整枝剪等工具；室外种植，由于采光条件更好，花木品种多，其中不乏一些相

▲ 园艺工具

对高大的树木，因此对工具的要求相对也多一些。除去有上述室内使用的工具外，还要有园艺专用的修剪锯、高枝锯、折合锯、采果剪、手工剪、高枝剪、绿篱剪、环割剪、喷水器、嫁接刀等工具。

购置器具宜忌

初学养花最好分批购置园艺工具，可以先把必需品购置齐全，例如喷水器、土铲等，而其他工具则可以根据个人园艺发展来随时增加，以避免不必要的浪费。

实用为主，美观其次

有些进口的品牌园艺工具虽然设计得好看，但实际对家庭园艺爱好者来说，还不如选择国产的同类工具，费用可以节省一半以上。

常用园艺工具

一般园艺工具

1. 园艺手套

在进行园艺操作时不与土壤直接接触，戴上园艺手套，可保持手部清洁，防止有害病毒和细菌的感染。园艺手套有树脂的、布制的、皮制的等。

2. 园艺格子门（又称爬藤架网格）

用于在阳台上让藤蔓类植物攀爬，也具有遮挡过强阳光的作用。

3. 园艺剪子（又称园艺强力剪）

用于修剪盆栽植物的枝叶、花朵和果实等。

4. 树脂带（又称PVC绑扎带）

一种内含金属细丝的树脂带，平时常见用于捆扎电线，在园艺用于将植物茎和藤蔓绑到支架上。

园艺格子门

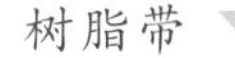

树脂带

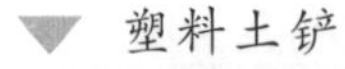

▼ 塑料土铲

▲ 园艺水壶

5. 铁锹、小铁锹

用于植苗、装土。在培育蔬菜或者室内栽培时，小铁锹更为便利。

6. 塑料土铲（又称塑料筒铲）

比小铁锹更不容易洒土，非常便利。推荐大小两个一套的套装。

7. 盆底网（又称塑料滤水网）

塑料制的网，孔径在1.5～2毫米均可，按适当的大小裁剪后铺在花盆底的排水孔上，能防止土壤随水流出和害虫侵入。

8. 园艺水壶（又称细长嘴浇水壶）

细长嘴在给小盆植物浇水或在室内花盆浇水而不弄脏花盆周围时非常方便和实用。同样适用于施液态肥料。

9. 园艺喷壶（又称洒水壶）

用于给室外地栽或盆栽植物浇水和施液态肥。

园艺喷雾器

最好使用喷嘴孔小而多的喷壶。

10. 园艺喷雾器

喷雾器壶容量在2升以内，用于给植物叶子喷洒水雾或者给并不很需要水分的植物浇水。还可以给植物喷施叶面肥。

11. 园艺播种器

穴盘播种适用各种大小种子，有5档规格适合直径5毫米以下的植物种子播种。

播种器

12. 园艺自动浇水器（又称懒人浇水器）

能在你外出旅行或没时间每天浇水时，自动帮你照看家里的盆栽植物。一只懒人浇水器，只能控制一盆植物。

13. 花盆接水托盘

大多数花盆没有接

▲ 育苗盒

水托盘，浇水时常会弄湿弄脏花盆周围。接水托盘置于花盆底部，室内栽培时必不可少。

14. 育苗盒

用于少量植物种子的培育。可反复使用。

15. 塑料插地标签

可用铅笔、水笔、记号笔书写植物的名称和播种时间。

专业园艺工具

1. 枝剪（又称整枝剪、修枝剪）

专门用于修剪较粗的枝条，清除病虫害枝条。

2. 水仙专用雕刻刀

专门用于水仙雕刻和水仙艺术造型。

▼ 枝剪

▼ 水仙雕刻刀

宝=你看这边好看哦？
爷=那边也好看！
wang•2019-01

用饮料瓶制作花盆的工具

1. 锥子

用于在饮料瓶制成的花盆底部开排水孔，便于排水。

2. 螺丝刀

用于将锥子钻的小孔扩成大孔。

3. 老虎钳

在给饮料瓶开窗、将比较硬的部分扭曲时特别有用。为了不伤到手，尽量使用钳子操作。

4. 美工刀

用于在饮料瓶上切开切口或者切除细小部分。

5. 剪刀

用于修剪饮料瓶，特别是从裁刀切开的切口处把饮料瓶剪成两半。

6. 尼龙扎带

用于将饮料瓶与饮料瓶连接在一起，以及堵塞空隙等。

7. 记号笔

用于在矿泉水瓶切割处作记号。

8. 直尺

按照目测剪切的话，总是会产生些许偏差。如果用直尺测量后再进行剪切，就能完成得比较漂亮。

微景观制作的专用工具

1. 棕色塑料土铲勺（15厘米规格）

专门用于微景观制作培土。

2. U形小剪刀（10.5厘米规格）

专门用于微景观制作植物材料的修整。

3. 弯头平嘴镊子（17厘米规格）

专门用于微景观制作健康植物的种植，病萎植物的去除，微景观制装饰品安置。

4. 弯头尖嘴镊子（12厘米规格）

专门用于微景观制作健康植物的种植，病萎植物的去除，微景观制装饰品安置。

5. 直头平嘴镊子（11厘米规格）

专门用于微景观制作健康植物的种植，病萎植物的去除，微景观制装饰品安置。

6. 移苗器（两件套装15厘米规格）

专门用于微景观制作健康植物种植的打洞和移苗。

7. 吹气球（15厘米规格）

专门用于微景观制作多肉植物叶面灰尘的清除。

8. 细长弯头嘴浇水壶（250毫升、500毫升两种规格）

专门用于微景观制作精细化浇水。

9. 细雾喷水壶（200毫升规格）

专门用于微景观制作苔藓植物叶面喷水。

细长弯头嘴浇水壶

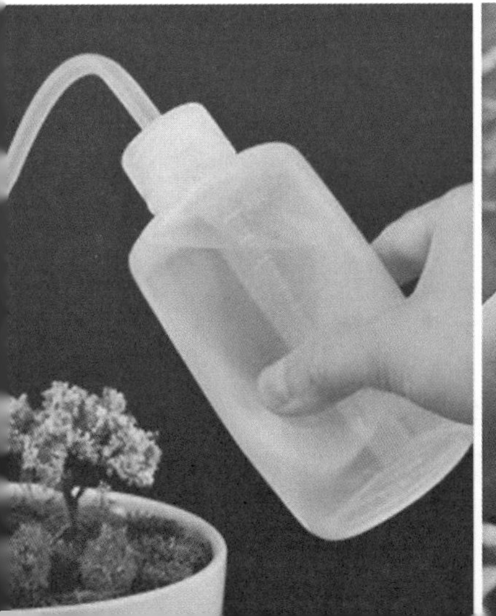

细雾喷水壶

第二篇

专业知识

育苗·移栽

种子萌发是植物发育生长的第一个阶段，是种子从吸胀作用开始的一系列生理过程和形态变化过程。种子因为有胚所以是“活”的，被虫子咬坏了胚的种子是不能萌发的。不同植物种子寿命时间长短不同，储存超过一定时期将丧失生命力而不能萌发。种子的萌发除了种子本身具有生命力以外，还必须满足三个适宜条件才能萌发，即充足的水分，适宜的温度和足够的氧气。

营养生长是植物发育生长的第二个阶段，种子的胚根长成植物的根，种子的胚芽长成植物的茎和叶。幼苗经过一段时间的生长，成为一株具有根、茎、叶三种营养器官的植株。根、茎、叶等营养器官的发生、增长过程叫营养生长。

生殖生长是植物发育生长的第三个阶段，植株生长发育到一定阶段，就开始形成花芽。植物的花、果实、种子等生殖器官的生长，叫做生殖生长。对于一年生植物和二年生植物来说，在植株长出花芽后，营养生长就逐渐减慢甚至停止。对于多年生植物来说，当它们到达开花年龄后，每年营养器官和生殖器官仍然发育。

常见家庭室内观赏植物

花草既能美化环境又能净化空气，很多园艺爱好者都会在家种植一些花草。那么室内养什么植物最方便呢？有什么既好看又好养的室内植物呢？本篇介绍一些室内观赏植物的常见种类和养护方法。

赏花类植物

以花为主的观赏植物。其花形千姿百态，花色丰富多彩。

君子兰

多年生草本赏花赏叶植物，花期长达30～50天，有很高的观赏价值，还有净化空气的作用。

养护方法：

- 君子兰适宜用含腐殖质丰富的土壤。
- 浇水时要坚持半干就浇水，浇则浇透的原则。但也不能一见表土干了就浇水，否则盆土长期处于潮湿状态，很容

▲ 君子兰

▼ 红掌

▼ 白鹤芋

易烂根、黄叶。浇水时千万要注意不要让水淌进叶心。

红掌（又称花烛）

多年生常绿草本赏花植物。佛焰花序恰似一枝在佛祖像前插着蜡烛的烛台，有较高的观赏价值，且常年开花不断。

养护方法：

• 红掌生长的最适温度为25℃。

• 在夏季通常2～3天浇水一次，中午要向叶面喷水，以增加湿度。寒冷季节浇水应在上午9时至下午4时之间进行，以免冻伤根系。

• 可以选择氮磷钾比例为1∶1∶1的复合肥，每5～10天施肥一次，施肥可以与浇水同时进行。

白鹤芋（又称白掌）

多年生草本赏花植物。白掌能抑制人体呼出的废气如氨气和丙酮，同时也可以过滤空气中的苯、三氯乙烯和甲醛。

养护方法：

- 盆栽要求土壤疏松、排水和通气性好，不可用黏重土壤。
- 生长季每1～2周须施一次液肥。
- 经常保持盆土湿润，高温期还应向叶面喷水，以提高空气湿度；秋末及冬季应减少浇水量，保持盆土微湿润即可；冬季还要注意防寒保温。

沙漠玫瑰 ▼

沙漠玫瑰（又称天宝花）

多肉灌木类木本赏花植物。植株矮小，树形古朴苍劲，装饰室内或阳台别具一格。

养护方法：

- 盆栽需阳光充足和排水好的环境。
- 春、秋季为旺盛生长期，要充分浇水，保持盆土湿润，但不能过湿。浇水要见干见湿、干透浇透。早春和晚秋气温较低，应节制浇水。冬季减少浇水，盆土保持干燥。

栀子花 ▲

栀子花（又称栀子）

常绿木本赏花植物。有一定耐阴和抗有毒气体

的能力，也可作为居室盆栽摆花。

养护方法：

- 开花后控制浇水量。
- 寒露前移入室内向阳处。
- 冬季严控浇水，但可用清水常喷叶面。
- 每年5～7月在生长旺盛期停止时修剪植株，去掉顶梢，促进分枝萌生。

▼ 鹤望兰

▲ 茶花

鹤望兰（又称天堂鸟）

多年生草本赏花植物。天堂鸟叶大姿美，花形奇特，在环境良好的情况下生长的速度也很快，适于家庭布置摆放。

养护方法：

- 天堂鸟喜欢阳光充足、温暖、排水良好的土壤环境，生长期适温为20～28℃。
- 浇水频率为一周2～3次，原则是保持土壤湿润。

茶花（又称山茶花）

常绿灌木类木本赏花植物。茶花很耐寒，能耐-10℃的低温。花期非常长，长达半年之久。

养护方法:

● 冬天4～5天浇一次水,夏天2～3天浇一次水。

● 室内养护需放在阳光充足的地方。多晒太阳,开花又多又香。

鸿运当头(又称火炬凤梨)

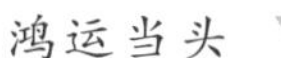
鸿运当头

多年生常绿草本赏花赏叶植物。穗状花序高出叶丛,花茎、苞片和基部数枚叶片呈鲜红色。适宜在明亮的室内窗边常年欣赏。

养护方法:

● 春秋季节4～5天浇一次水,夏季2～3天浇一次水,平时可以多往盆栽周围喷水,保持空气湿润。

● 在生长季节每10～20天施1次液肥,通常用发酵的饼肥或化肥。

蜡梅

落叶灌木类木本赏花植物。蜡梅在百花凋零的隆冬绽蕾,斗寒傲霜,给人以美的享受。又适作古桩盆景和插花造型,是冬季赏花的理想名贵花木。

蜡梅

养护方法：

- 在春秋两季，盆栽蜡梅盆土不干不浇；夏季每天早晚各浇一次。
- 上盆初期不再追施肥水，春季要施展叶肥，每隔2～3年翻盆换土一次。
- 平时放在阳光充足处养护。

▼ 水仙

水仙

多年生草本赏花植物。水仙是草本花卉中少有的可雕刻的珍品，经雕刻、水养，可塑造成各式各样的水仙花盆景，堪称百花园中的奇葩。

养护方法：

- 每天有6小时的光照时间，室温保持在10～15℃为宜。
- 水养45～50天可如期开花。
- 用1～2片阿司匹林药片，放入水中溶解透，取代水仙花盆中的清水，可使花更壮实茂盛。

▲ 月季

月季

常绿灌木类木本赏花植物。月季花期长，观赏价值高，是春季主要的观赏植物。能吸收硫化氢、氟化氢、苯、苯酚等有害气体，对二氧化硫、二氧化氮等有较强的抵抗能力。

养护方法：

- 夏季每天浇一次水，盆土表面发白即可浇水。冬季少浇水，保持半湿即可。
- 每半月加液肥水一次，能常保叶片肥厚。
- 生长季节每天至少要有6小时以上的光照。

赏叶类植物

以叶为主的观赏植物，有草本和木本之分。其叶色彩斑驳艳丽，大多数较耐阴。

吊兰

吊兰

多年生草本赏叶植物。吊兰具有吸收有毒气体的功能，起到净化空气的作用。

养护方法：

- 盆土应保持潮湿，在生长旺盛时期应该每天向叶面喷水1～2次，以增加空气湿度。
- 若放在室内，水分蒸发量小，浇水次数要少一些，看到是潮的就不要浇水了。

• 生长季节每两周施一次液体肥；吊兰喜半阴环境，可常年在明亮的室内栽培。

▲ 绿萝

绿萝（又称黄金葛）

多年生藤本赏叶植物。除了具有观赏价值，还能有效地吸附和去除室内空气中的甲醛、苯、三氯乙烯等污染物，是天然的“空气净化器”。

养护方法：

• 土应疏松、肥沃、富含有机质。

• 绿萝需要温度较高、散射光较强的环境。

• 适度浇水，保持盆土湿润。夏、秋季每天早、中、晚向叶面喷水，以增加湿度。

• 每10～14天施稀薄液肥1次。

▲ 芦荟

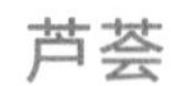

芦荟

多年生草本赏叶植物。芦荟是集食用、药用、美容、观赏于一身的植物新星。

养护方法：

• 最好在早上让芦荟见见阳光，切忌中午时分被阳光直射。

● 芦荟需要生长在排水性能较好的地方，因此栽种时可以在土壤中掺和一些沙砾，以防土壤板结，造成根部呼吸受阻。

马拉巴栗（又称发财树）

常绿或半落叶木本赏叶植物。株形美观，茎干叶片全年青翠，可水培或加工成盆景，供室内观赏。

马拉巴栗 ▼

养护方法：

● 发财树抗旱性较强，一般控制在每周喷水一次就行。夏季高温时，蒸腾作用较大，可以适当多浇水；冬季温度较低，生长缓慢，可以适当减少浇水的频率和水量。

● 生长期每月施两次肥，对长出的新叶要注意喷水，保持较高的环境湿度，以利其生长。

海芋 ▲

海芋（又称滴水观音）

多年生草本赏叶植物。佛焰苞序黄绿色，肉穗花序，开的花像观音，因此称之为滴水观音，有很高的观

赏价值。滴水观音能净化室内空气。

养护方法：

- 生长季节保持盆土湿润，夏季将其放在半阴通风处，并经常向周围及叶面喷水，以加大空气湿度，降低叶片温度，保持叶片清洁。
- 入冬停止施肥，控制浇水次数。

▲ 雪铁芋

雪铁芋（又称金钱树）

多年生常绿草本赏叶植物。金钱树象征招财进宝、荣华富贵，是颇受欢迎的室内盆景植物。

养护方法：

- 盆土以微湿偏干为宜，冬季要给叶面和四周环境喷水，使湿度达到50%以上。
- 中秋以后要减少浇水，或以喷水代浇水。
- 在冬季应特别注意盆土不能过分潮湿，以偏干为好，否则在低温条件下，盆土过湿更容易导致植株根系腐烂，甚至全株死亡。

虎尾兰（又称虎皮兰）

多年生常绿草本赏叶植物，叶片有不规则的横纹似虎尾而得名。虎尾兰能在夜间吸收二氧化碳，制造氧气，改善室内空气。

养护方法：

• 浇水要适中，不可过湿。由春至秋应充分浇水，冬季休眠期应控制浇水，以保持土壤干燥，而且浇水时要避免浇入叶簇内，要切忌积水，以免造成腐烂而使叶片折倒。

• 施肥不应过量。生长盛期，每月可施1～2次肥，施肥量要少。

虎尾兰 ▼

喜林芋（又称绿宝石）

多年生蔓生草本赏叶植物。常以盆栽种植培养摆设于客厅，佛焰花序具浓茶香味。花期只有12个小时，观赏价值极高。

养护方法：

• 春夏季每天浇水一次，秋季可3～5天浇一次；冬季则应减少浇水量，但不能使盆土完全干燥。

喜林芋 ▲

• 生长季要经常注意追肥，每月施肥1～2次；秋末及冬季生长缓慢或停止生长，应停止施肥。

• 喜明亮的光线，但忌强烈日光照射。

▼ 袖珍椰子

▲ 苏铁

袖珍椰子

多年生灌木类木本赏叶植物。株型酷似热带椰子树，且耐阴，十分适宜作室内中小型盆栽。同时可以净化空气中的苯、三氯乙烯和甲醛，是植物中的“高效空气净化器”。

养护方法：

● 盆土经常保持湿润即可；夏秋季空气干燥时，要经常向植株喷水，冬季适当减少浇水量，以利于越冬。

● 一般生长季每月施1～2次液肥，秋末及冬季稍施肥或不施肥。

苏铁（又称铁树）

多年生常绿木本赏叶植物。苏铁树形奇特，叶片苍翠，并颇具热带风光的韵味，宜与山石配置成盆景。

养护方法：

● 春夏季叶片生长旺盛时期，早晚浇水一次，并喷洒叶面，保持叶片清新翠绿。

- 生长期可每月施1～2次复合肥或尿素。
- 夏季要避免放在阳光处暴晒，冬季防冻保暖。

龟背竹

龟背竹

多年生木质藤本常绿赏叶植物。叶形奇特，极像龟背，常年碧绿，极为耐阴，适合室内盆栽。可吸附甲醛、苯等有害气体，净化室内空气。

养护方法：

- 水分要充足，保持培养土湿润，夏季早、晚各1次。冬季3～4天浇1次水。
- 喜温暖，怕阳光直晒。夏季应放在室内或荫棚下。冬季应移入室内保暖。
- 喜肥，要适当施肥。4～9月每月施两次稀液肥。

香龙血树（又称巴西铁）

香龙血树

常绿木本赏叶植物。小型盆栽或水种植株，点缀居室的窗台、书房和卧室，更显清丽、高雅。

养护方法：

- 室内应摆放在光线

充足的地方，否则叶片上的斑纹会变绿，失去观赏价值。

- 每星期浇水1～2次，水不宜过多，以防树干腐烂。
- 夏季高温时，要在叶片上喷水，保持湿润。

▼ 银王粗肋草

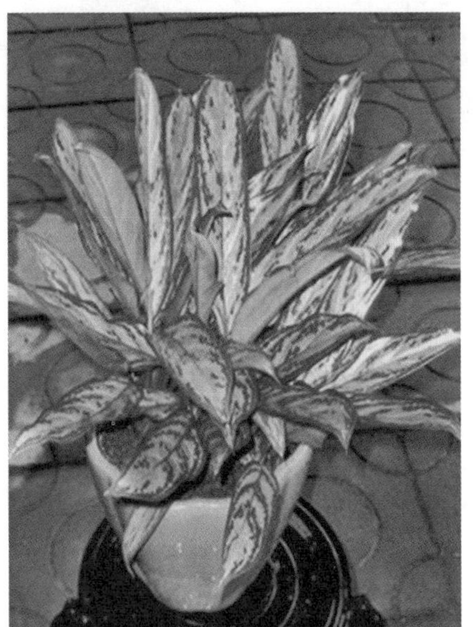

▲ 南洋杉

银王粗肋草（又称银皇帝）

多年生常绿草本赏叶植物。美化书房、客厅，可长期摆放。

养护方法：

- 用腐叶土和河沙等量混合配制成培养土。
- 生长期每月施1次液肥。
- 夏季应充分浇水，并向叶面喷水，秋末逐渐减少浇水量，冬季盆土不干不浇，并移入室内越冬，室内温度不得低于10℃。
- 室内养护要注意通风，夏季不能放在烈日之下。

南洋杉

乔木类木本赏叶植物。珍贵的室内盆栽装饰树种，幼苗盆栽适用作客厅、书房的点缀。

养护方法：

- 盆栽宜用腐叶土、草炭土、纯净河沙及少量腐熟的有机肥混合配制。
- 生长季节勤浇水，每周浇2～3次，保持环境湿润，严防干旱和渍涝。
- 自春季新芽萌发开始，每月追施1～2次稀薄有机液肥和钙肥，可保持株姿清新，叶色油润。

鸟巢蕨

鸟巢蕨

多年生阴生草本观叶植物。盆栽的小型植株用于布置书房、卧室，是有名的“空气清新器”，使封闭的室内空气变得清新。

养护方法：

- 切忌烈日照射，可放在室外大树荫下有利其生长。
- 生长季节要充分浇水，夏季大量浇水外，还需每天喷洒叶面2～3次；冬季需保持盆土稍湿润。
- 每隔1年换盆1次，盆土用腐叶土或泥炭土，并掺入少量河沙。

千年木（又称朱蕉）

灌木类木本观叶植物。株形美观，色彩华丽高雅，具有较好的观赏性，能吸收空气中的二甲苯、甲苯、三氯乙烯、苯和

▼ 千年木

▲ 花叶万年青

甲醛。

养护方法：

● 空气湿度保持在80%左右最佳，尤其是夏秋两季，可常向叶面喷些水。

● 置于室内明亮或无阳光处都可，如长期放于室内，1星期晒1次太阳为佳。

花叶万年青

多年生常绿草本赏叶植物。幼株小盆栽，可置于案头、窗台观赏。中型盆栽可放在客厅墙角、沙发边作为装饰。

养护方法：

● 春秋除早晚可见阳光外，中午前后及夏季都要遮阴。

● 6 ～ 9月为生长旺盛期，10天施一次饼肥水，入秋后可增施2次磷钾肥。

● 夏季应多浇水，冬季需控制浇水，否则盆土过湿，根部易腐烂，叶片变黄枯萎。

灰莉（又称非洲茉莉）

常绿灌木状木本赏叶植物。花期很长，冬夏都开，以春夏开得最为灿烂。清晨或黄昏，若有若无的淡淡幽香，沁人心脾。

灰莉

养护方法：

● 春秋两季浇水以保持盆土湿润为度，梅雨季节要谨防积水；夏季在上、下午各喷淋一次水，增湿降温；冬季以保持盆土微潮为宜，并在中午前后向叶面适量喷水。

● 要求有较充足的散射光，不宜过分阴暗，否则导致叶片失绿。

● 盆栽植株在生长季节每月追施一次稀薄的腐熟饼肥水。

冷水花

冷水花

多年生草本赏叶植物。冷水花可陈设于书房、卧室，清雅宜人，是较好的室内和阳台布置植物。

养护方法：

● 冷水花耐阴，但更喜欢充足光照，不过要注意忌强光直射。夏天花盆摆在北窗，冬天放到南窗。

● 盆土保持干而不裂，润而不湿为好。夏天，经常向叶面喷水可保持叶面清洁且具光泽。冬季叶面应少喷水。

▼ 合果芋

▲ 橡皮树

合果芋

多年生常绿草本赏叶植物。盆栽可供厅堂摆设，能吸收大量的甲醛和氨气，是一种很好的室内栽培植物。

养护方法：

- 生长季节每1～2周施一次肥。
- 喜湿怕干，夏季应给予充足的水分，保持盆土湿润。
- 合果芋生长速度较快，每年换盆一次，生长过程中还应进行适当修剪，剪去老枝和杂乱枝。

橡皮树

常绿乔木类木本赏叶植物。观赏价值较高，极适合室内美化布置，常用来美化客厅、书房，非常有气势。

养护方法：

- 喜光耐阴，全株要常喷水，多用湿布擦净叶片，增加观赏价值。
- 盆栽以南向阳台的栽培效果为最好。

● 除定植时在花盆底部施足基肥外，生长旺盛阶段还应每隔10天追施1次稀薄液体肥料。

鸭脚木（又称吉祥树）

常绿灌木类木本赏叶植物。盆栽布置客厅、书房，具有浓厚的时代气息。叶片能从烟雾中吸收尼古丁和其他有害物质。

鸭脚木

养护方法：

● 夏季生长季节要遮阴处理，以免叶片灼伤。冬季不须遮光，每天有4小时以上的直射阳光。

● 夏季气温高，要保证一定的浇水量，可每天浇水一次，保持土壤湿润。春、秋季可一周浇水两次，冬季可适当控水。

● 3～9月为生长旺季，隔2～3周施用一些复合肥或饼肥水。

孔雀竹芋

多年生常绿草本赏叶植物。耐阴性较强，用盆栽观赏，主要装饰布置书房、客厅等。

孔雀竹芋

养护方法：

• 栽培土壤可加入少量腐熟的基肥、腐叶土、泥炭土和河沙等。

• 夏秋季除经常保持盆土湿润外，还须经常向叶面喷水。秋末后应控制水分，冬季保持干燥的环境。

• 生长季节每月追施一次液肥，一般用0.2%的液肥直接喷洒叶面。冬季应停止施肥。

一叶兰（又称蜘蛛抱蛋）

多年生常绿草本赏叶植物。叶形挺拔整齐，适于家庭布置摆放，有吸收甲醛、二氧化碳、氟化氢作用。

▲ 一叶兰

养护方法：

• 春夏秋三季生长旺盛阶段，每周为植株追施稀薄肥水一次，冬季则要停止追施肥料。

• 夏秋两季高温阶段，勿使植株直射日光，否则观赏价值下降。

• 生长旺盛时保持通风环境。

豆瓣绿（又称青叶碧玉）

多年生常绿草本赏叶植物。豆瓣绿养在白瓷盆，置于茶几、装饰柜，或悬吊于室内窗前或浴室处，任枝条蔓延垂下，使人清新悦目。

养护方法：

● 喜半阴或散射光照，除冬季需要充足的光照外，其他季节需要稍加遮阳。

● 施肥最好少量多次进行，以稀释的肥液代替清水灌溉最佳。

豆瓣绿

琴叶榕

常绿乔木类木本赏叶植物。琴叶榕几乎是北欧居家的标配。叶片奇特，叶先端膨大呈提琴形状，具较高的观赏价值。对空气污染及尘埃抵抗力很强。

养护方法：

● 喜欢带有阳光的温暖环境，中等或明亮的光照。

● 喜欢湿润的环境，2～3天浇一次水，原则是保持土壤湿润即可。不要过度浇水，等土壤表面干燥后再浇水即可。

琴叶榕

中华天胡荽（又称铜钱草）

多年生匍匐状草本赏叶植物。铜钱草的生性强健，种植容易，繁殖迅速，水培和土培都可以，非常适合园艺新手种植。

▲ 中华天胡荽

▲ 波斯顿蕨

养护方法：

- 铜钱草一般半土半水栽培，保证盆中水不能干。
- 土栽铜钱草需要每天浇水。
- 经常晒晒太阳。

波斯顿蕨（又称高肾蕨）

多年生阴生草本赏叶植物。下垂状的蕨类适宜盆栽于室内吊挂观赏和盆栽。波斯顿蕨每小时能吸收大约20微克的甲醛，被认为是最有效的生物“净化器”。同时还可去除二甲苯、甲苯等有毒气体。

养护方法：

- 中性植物，喜半阴环境。
- 保持盆土湿润，需经常喷水。

薄荷

多年生草本赏叶植物。薄荷青气芳香，是辛凉性发汗解

薄荷

热药,治流行性感冒、头疼、目赤等症。平常以薄荷代茶,清心明目。薄荷又是餐桌上的鲜菜,清爽可口。

养护方法:

● 春天3～4天浇一次水,夏天1～2天浇一次水。

● 喜欢阳光,最好放在南阳台养护。

观 果 类

以果实为主的观赏植物。其果实一般有鲜艳的果色,挂果期长,洋溢丰收的喜悦。

石榴

石榴

落叶灌木类木本赏果植物。树姿优美,枝叶秀丽,盛夏繁花似锦,秋季累果悬挂,宜做成各种桩景和供瓶插花观赏。

养护方法:

● 5～7月应多次灌水,保持土壤的最适湿度,8～9月要停止灌水,保持

土壤适中的湿度。

- 盆栽1～2年需换盆加肥。
- 生长期要求全日照，并且光照越充足，花越多越鲜艳。

佛手

▼ 佛手

▲ 金橘

常绿灌木类木本赏果植物。果实在成熟时形成细长弯曲状如手指的果瓣，果形奇特。

养护方法：

- 每10～15天追施1次稀薄的肥水，第二、三年春天换盆时施饼肥、蹄片、骨粉作为基肥。
- 佛手喜酸性土壤，pH应保持在5.3为宜；盆土的配比为腐殖土60%，河沙30%，泥炭土或炉灰渣10%。
- 水多易烂根，盆土表层不干不浇，一次浇透，全年如此，干燥季节应每天向叶面喷水1～2次，也可向地面洒水增加空气湿度。

金橘（又称日本金橘）

常绿灌木类木本赏果植物。果金黄色，具清香，挂果时间较长,是极好的观果花卉,宜作盆栽观赏及盆景。

养护方法:

● 喜湿润但忌积水,盆土过湿容易烂根。春夏季需每天向叶面喷水2～3次,增加空气湿度。

● 喜肥,换盆时,在盆底施入蹄片或腐熟的饼肥作基肥。平时7～10天施一次腐熟的稀浅酱渣水,相间浇几次矾肥水。

● 喜阳光充足的温暖湿润的气候,养护时要放置在阳光充足的地方。

观 茎 类

以茎为主的观赏植物。其茎常悬垂或攀缘,以观赏其婀娜的姿态为主。

常春藤

常春藤 ▲

多年生常绿攀缘赏叶赏茎植物。可以净化室内空气、吸收苯、甲醛等有毒气体,也能有效抵制尼古丁等致癌物质。

养护方法:

● 常春藤需栽植在土壤湿润、空气流通之处。

● 盆栽可绑扎各种支架,牵引整形。

富贵竹

● 夏季需要遮阴养护，冬季放入室内越冬，在室内要向植株周围喷水保持空气的湿度，但盆土不宜过湿。

富贵竹（又称开运竹）

多年生常绿木本赏茎植物。茎叶纤秀，极富竹韵，故而深得园艺爱好者的喜爱，多用于家庭瓶插或盆栽养护。

养护方法：

● 富贵竹喜阴湿环境，养护应能获得散射阳光的照射。

● 不要摆在风扇和空调能吹到的地方，以免造成叶子枯萎。

● 水养可用500克水溶解阿司匹林半片或VC一片，以保持叶片的翠绿。

● 土培一个月施一次磷酸二氢钾，每盆施用量约1～2克。

蟹爪兰

蟹爪兰

多年生肉质赏茎植物。蟹爪兰株型垂挂，开花正逢元旦、春节，适合于窗台、门厅等装饰。

养护方法：

● 夏季要移到阴凉背阳的地方。

● 春秋浇水的原则是“见干见湿，干要干透，不干不浇，浇就浇透”。冬季7 ～ 10天浇一次水。

● 阳光不足或天气寒冷的时候，要移至阳台等光线好的地方。

仙人掌

多年生多肉类草本赏茎植物。仙人掌在晚上时，也可吸入二氧化碳，适当净化室内空气。

养护方法：

● 盆土宜用等份的粗沙、园土、腐叶土配成。

● 成活后给予直射光照，盆土干了才浇水。

● 每10天到半个月施一次腐熟的稀薄液肥，冬季不要施肥。

仙人掌

仙人球

仙人球

多年生多肉类草本赏茎植物。仙人球在晚上时，也可吸入二氧化碳，释放出氧气，适当净化室内空气。

养护方法：

● 要求阳光充足，但不能强光暴晒。

▲ 文竹

• 浇水的时间夏天以清晨为好，冬天应在晴朗天气的午前进行，春秋则早晚均可，以保持盆土不过分干燥为宜。

文竹

多年生攀缘草本赏茎植物。是观赏价值极高的小植物，放置客厅、书房，为居室增添书香气息。

种植方法：

• 冬春秋三季，可以采取大小水交替进行，即经3～5次小水后，浇1次透水，使盆土保持湿润而含水不多。

• 冬季应减少浇水。

• 不可浇水过多，否则容易烂根，应掌握以水分很快渗入土中而土面不积水为度。

观　根　类

以根为主的观赏植物。其根系发达，根部常隆起并凸出土面，造型独特。

人参榕（又称地瓜榕）

常绿木本赏根植物。根部形似人参，深受园艺爱好者的喜欢，也是居室内外摆设装饰的一道亮丽风景。人参榕有很大的块根，耐旱性非常好，适宜养在室内。

养护方法：

● 喜温暖的环境，保持适当的环境湿度，避免过于干燥，在光线明亮处就能很好生长。

● 半个月浇水一次。

● 冬季不能低于10℃，低于6℃极易受到冻害。

人参榕

常见有毒有害观赏植物

植物广泛分布在自然界，吸收二氧化碳，制造氧气，是自然界不可缺少的一部分。植物还能提供给人类食物和传统医学中的草药，有的还是重要的工业原料。植物与人们的生活息息相关。但是植物自身的化学成分十分复杂，其中有很多是有毒的物质，不慎接触到，可能会引发某些疾病甚至死亡。其中有很多是大家非常熟悉的观赏植物，可能谁也没有了解到它们的毒性。

植物的毒性

自然界不少植物都会对人类产生有毒反应，这些反应轻者令人感觉不适，重者会器官损伤甚至死亡。植物中含有的有毒物质主要有生物碱、多肽、胺、糖苷、树脂、植物毒素和蛋白质；很多植物从土壤中吸收过量的矿物质，如铜、硒、铅、锰、

硝酸盐和亚硝酸盐等，也可导致植物有毒。有毒物质的部位可在根、茎、叶、花、果、种子、树皮等，有些植物全身均有毒。

植物的有毒物质可能导致的不适症状

过敏

很多人对植物有过敏反应，空气中的真菌孢子、花粉粒和土壤中的菌类等均会导致花粉热。春天花粉热一般由乔木花粉引起，夏天一般由禾草类花粉引发，秋天则多由一些草本植物花粉引起。

皮炎

有些植物如毒漆藤、毒漆树和报春花能够导致人体皮炎，栽培的仙客来也可导致某些人的有毒反应，触及荨麻、艾麻、水杨梅茎上的毛也可引起短暂身体不适。

体内中毒

中毒程度取决于所摄入植物的种类、数量、质量和感染者的年龄、体质等因素。

对有毒有害观赏植物的预防措施

有些观赏植物的确有一定的毒性，但大家也不必惊慌失措，谈毒色变。据统计，大部分中毒事件的发生是误食后

中毒，真正接触性中毒是极少数的，只要不去吃这些植物，其毒素一般都不会对人体产生危害。

▲ 居室种植

人体是否会受花草分泌的有害物质的影响，也和个人的身体抵抗能力有关，即使有些植物含有挥发性的有害气体，多数只是导致皮肤过敏而已。不过，在有小孩的家庭中，由于孩子具有活泼、好奇的天性，易导致误食，所以还是应当对这些有毒的观赏植物有所了解，最好种植在合适的地方，以防小孩攀爬误食。对成人也是一样，植物观赏不管是看，还是嗅，都要保持一定的距离。

总之，种植花草的同时应选择自己喜欢而无害的花草品种。在居室种植适当的花草，只要我们了解其生活习性，并采取一定的保护措施，是不会危害健康的，只会对人体有利。

常见有毒有害观赏植物

凤仙花

一年生草本赏花植物。凤仙花如鹤顶、似彩凤，姿态优美，妩媚悦人，有很高的观赏价值，还有净化空气的作用。

凤仙花

牵牛花

凤仙花的有毒有害：

凤仙花含有促癌物质，促癌物质不直接挥发，但会渗入土壤，长期食用种植在该土壤里的蔬菜，可能会致癌。

牵牛花

一年生缠绕草本赏花赏茎植物。花酷似喇叭状，夏秋开花，品种很多，花的颜色有蓝、绯红、桃红、紫等，花瓣边缘的变化很多，是常见的观赏植物。

牵牛花的有毒有害：

牵牛花茎、叶、花都含有毒性，尤其是种子的毒性最强。误食过量会引起呕吐、腹泻、腹痛与便血、血尿等中毒症状。

铃兰（又称风铃草）

多年生草本赏花植物。铃兰植株矮小，幽雅清丽，芳香宜人，入秋时红果娇艳，十分诱人，是一种优良的盆栽观赏植物。

▲ 铃兰

▲ 南天竹

铃兰的有毒有害：

铃兰全株有毒，特别是叶子。误食者面部潮红，紧张易怒，头疼、幻觉、红斑、瞳孔放大、呕吐、胃疼、恶心、心跳减慢、心力衰竭、昏迷，甚至死亡。

南天竹

常绿小灌木类木本赏果植物。秋冬叶色变红，红果经久不落，是赏叶赏果的佳品，适合在光线明亮的客厅、书房等盆栽养护。

南天竹的有毒有害：

南天竹全株有毒，误食者表现为兴奋，脉搏先快后慢、且不规则、血压下降、肌肉痉挛、呼吸麻痹、昏迷等中毒症状。

绿萝（又称黄金葛）

多年生藤本赏叶植物，可以净化空气。

你这是怎么啦？肿起来啦！
不会是触摸了有毒植物啦！
Wang●2019-01

绿萝的有毒有害：

绿萝的汁液有毒，碰到皮肤会引起红肿发痒；误食会造成喉咙疼痛。

花烛（又称红掌）

多年生常绿草本植物。佛焰花序，有较高的观赏价值，且常年开花不断。

花烛的有毒有害：

花烛全株有毒，一旦误食，嘴里会感觉又烧又痛，随后便会肿胀起泡，嗓音变得嘶哑，并且吞咽困难。

海芋（又称滴水观音）

多年生草本赏花植物。佛焰花序，有很高的观赏价值。滴水观音能净化室内空气。

海芋的有毒有害：

滴水观音的根茎内含有的乳白色汁液是有毒的，如果不小心沾到皮肤上会造成皮肤发红、瘙痒；滴水观音体内含有草酸钙结晶，如果不小心吞食，咽喉和胃会有强烈的灼烧疼痛感。

▼ 虎刺梅

虎刺梅（又称铁海棠）

蔓生灌木类木本赏花植物。开花期长，红色苞片鲜艳夺目，是深受欢迎的盆栽观赏植物。

虎刺梅的有毒有害：

虎刺梅有很多尖锐的刺，一不小心就会扎伤皮肤；虎刺梅枝条会分泌出白色的汁液，含有生物碱、毒蛋白等有毒物质，一不小心沾到皮肤上，会造成红肿瘙痒。

常春藤

多年生常绿攀缘赏叶赏茎植物。可以净化空气。

常春藤的有毒有害：

常春藤果实、种子和叶子均有毒，误食会引起腹痛、腹泻等症状，严重时会引发肠胃发炎、昏迷，甚至导致呼吸困难等。

龟背竹

多年生木质藤本常绿赏叶植物。可净化室内空气。

龟背竹的有毒有害：

龟背竹汁液有毒性，具刺激和腐蚀作用，皮肤接触引起疼痛和灼伤；未成熟的果肉含有草酸钙针晶体，食之则烧伤舌部。

鸢尾

鸢尾

多年生草本赏花植物。叶片碧绿青翠，花形大而奇，宛若翩翩彩蝶，是重要的观赏植物。

鸢尾的有毒有害：

鸢尾根茎可当吐剂

及泻剂，也可治疗眩晕及肿毒。叶子、花和根都有毒，误食会造成肠胃道瘀血及严重腹泻。

虞美人（又称田野罂粟）

一年生草本赏花植物。虞美人的花多彩丰富，开花时薄薄的花瓣质薄如绫，光洁似绸，轻盈花冠似朵朵红云片片彩绸，颇为美观，花期也长。

▼ 虞美人

▲ 杜鹃

虞美人的有毒有害：

虞美人全株有毒，含有毒生物碱，尤其果实毒性最大，误食会引起中枢神经系统中毒，严重的还可能导致生命危险。

杜鹃（又称映山红）

常绿或半常绿灌木类赏花植物。在花季中绽放时，杜鹃花总是给人热闹而喧腾的感觉；不是花季时，深绿色的叶片也很适合栽种在庭园中作为矮墙或屏障。

杜鹃的有毒有害：

杜鹃植株和花内均含有毒素，误食后会引起呕吐、呼吸困难、四肢麻木等症状。

茉莉（又称茉莉花）

直立或攀缘灌木类赏花植物。茉莉花叶色翠绿，花色洁白，香味浓厚，是常见的芳香观赏植物。花虽无艳态惊群，但玫瑰之甜郁、梅花之馨香、兰花之幽远、玉兰之清雅，莫不兼而有之。

茉莉

茉莉的有毒有害：

据说茉莉花的香味对高血压、哮喘及过敏人群都是疾病的诱因。

花叶万年青

多年生常绿草本赏叶植物。

花叶万年青的有毒有害：

花叶万年青全株有毒，汁液含有草酸钙结晶，一旦不小心沾到皮肤上就会发痒；误食会导致舌头疼痛，没法说话，甚至会造成舌头肿胀，严重的甚至造成窒息。

光棍树（又称绿玉树）

灌木或小乔木状肉质木本赏茎植物。呈无叶状态，外形貌似绿色玉石，适合盆栽成室内观赏植物。

光棍树

光棍树的有毒有害：

光棍树的汁液有毒，一旦不小心沾到皮肤上就会红肿发痒；有毒汁液不小心侵入眼睛，会导致眼睛红肿，甚至有暂时失明的风险；误食会引起腹泻。

橡皮树

常绿乔木类木本赏叶植物。观赏价值较高。

橡皮树的有毒有害：

橡皮树的叶子有毒，当心误食中毒。

夜来香

灌木状木本赏花植物。夜来香枝条细长，夏秋开花，黄绿色花朵傍晚开放，飘出阵阵扑鼻浓香，尤以夜间更盛。

夜来香的有毒有害：

夜来香晚上开花，花香十分浓烈，使人的神经产生兴奋，导致失眠，会使高血压和心脏病患者感到头晕目眩、郁闷不适，甚至引起胸闷和呼吸困难等中毒症状。

▼ 夜来香

一品红（又称圣诞花）

灌木类木本赏叶植物。这种变色型观叶植物，最别致的就是顶层火红色的叶子，这不是花朵，而真花只是叶束中间的那小点。在12月上中旬，一品红顶端叶片转红，被绿叶衬托，显得格外红艳。

一品红的有毒有害：

一品红茎中白色乳液含有多种生物碱，皮肤接触后会引起红肿、发热、奇痒和局部丘疹等中毒症状；一品红全株有小毒，误食后会引起呕吐；有报道称，一品红会将少量有害物质散发到空气中。

一品红

水仙

多年生草本赏花植物。为草本花卉中少有的可雕刻的珍品。

水仙的有毒有害：

水仙全株有毒，球茎毒性特强，误食会引起头痛、恶心和腹泻；水仙叶和花的汁液可使皮肤红肿，特别当心不要把水仙汁液弄到眼睛里去；水仙花的香味没有毒，不过花粉会使少数过敏体质的人出现过敏症状。

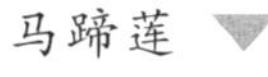
马蹄莲

马蹄莲

多年生草本赏花植物。马蹄莲挺秀雅致，花苞洁白，宛如马蹄，叶片翠绿，缀以白斑，可谓花叶两

▲ 风信子

绝。清纯的马蹄莲花，是素洁、纯真、朴实的象征。

马蹄莲的有毒有害：

马蹄莲全株有毒，含有大量草酸钙结晶和生物碱，误食后会导致呕吐、头疼等中毒症状。

风信子

多年草本球根类赏花植物。花序端庄，花色丰富，花姿美丽，是早春开花的著名球根花卉，盆栽或水养均可。

风信子的有毒有害：

风信子球茎有毒，误食会引起头晕、胃痉挛、腹泻等中毒症状，严重可导致瘫痪并可致命；风信子的花香可以提神醒脑，但放在卧室会让人失眠；鼻子不能靠近花闻花香，风信子的花粉容易引起皮肤过敏。

▼ 郁金香

郁金香

多年生草本球根类赏花植物。花卉刚劲挺拔，叶色素雅秀丽，荷花似的花朵端庄动人，惹人喜爱。在欧美视为胜利和美好的象征。

郁金香的有毒有害：

郁金香的花含有有毒生物碱，人在郁金香花丛中呆上2～3小时就会出现头昏脑涨的中毒症状。

绣球

灌木类木本赏花植物。绣球花大色美，是长江流域著名观赏植物。

绣球 

绣球的有毒有害：

绣球全株有毒，误食绣球的茎、叶会引起腹痛、腹泻、呕吐、呼吸急迫、便血等中毒症状；

绣球散发的微粒容易引起过敏，会出现皮肤瘙痒症状。

天竺葵（又称石蜡红）

多年生赏花植物，幼株为肉质草本，老株半木质化。天竺葵适应性强，花色鲜艳，花期长，适用于室内摆放。

天竺葵 ▲

天竺葵的有毒有害：

天竺葵其全株有毒，误食会导致疝痛、腹痛、腹泻、呼吸急促、呕吐、便

血等中毒症状。

含羞草

▲ 含羞草

多年生草本或亚灌木，由于叶子会对热和光产生反应，受到外力触碰会立即闭合，所以得名含羞草。含羞草花多而清秀，楚楚动人，给人以文弱清秀的印象。现多做家庭内观赏植物种植。

含羞草的有毒有害：

含羞草全株都具有毒性，可能会引起脱发等症状。

家庭园艺病虫害的防治

任何植物和伤害它们的昆虫、病毒和有害菌类的关系都是大自然中再正常不过的食物链关系，我们把引起园艺植物虫害的昆虫称为害虫，把引起园艺植物病害的真菌称为害菌。家庭园艺病虫害就是园艺植物遭受“有害生物”的侵害。

园艺植物受到伤害，园艺爱好者都会感到格外心痛。园艺爱好者首先应该多花点心思，避免植株遭受病虫害。一旦发生病虫害，就要尽早采取适当措施除害，尽量避免使用农药，这一点十分重要。

家庭园艺常见病虫害

家庭园艺常见病害

1. 花叶病

几乎所有的园艺蔬菜都会被感染。病害症状为植物叶子呈现马赛克状，畸形或腐烂。花叶病病毒由蚜虫传播侵

染引起。

2. 疫病

西红柿、青椒、黄瓜、葱等都会被感染。病害症状为细小的斑点逐渐扩大，形成较大的暗褐色斑点。由疫霉菌侵染引起。

▼ 疫病

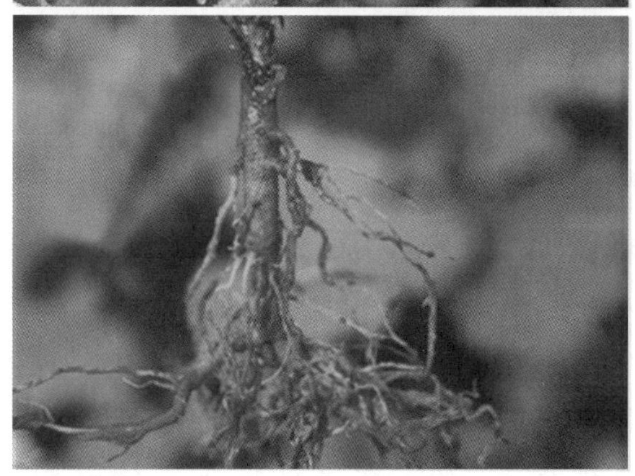

▲ 立枯病

3. 立枯病

几乎所有的园艺蔬菜都会被感染。病害症状为地表处的茎和根变细，腐败，变成褐色。由立枯丝核菌侵染引起。

4. 凋萎病

萝卜、西红柿、茄子等会被感染。病害症状为从一半的叶子开始，逐渐整棵植物凋萎干枯。凋萎病病毒由粉蚧传播侵染引起。

5. 霜霉病

黄瓜、毛豆等会被感染。病害症状为叶表面出现黄色小斑点，以后病状快速扩大。由霜霉菌侵染引起。

6. 白粉病

茄子、黄瓜等会被感染。病害症状为叶表面覆盖一层白色粉末状的霉菌，严重的造成叶片枯落甚至死亡。由白粉菌侵染引起。

家庭园艺常见虫害

1. 蚜虫

蚜虫

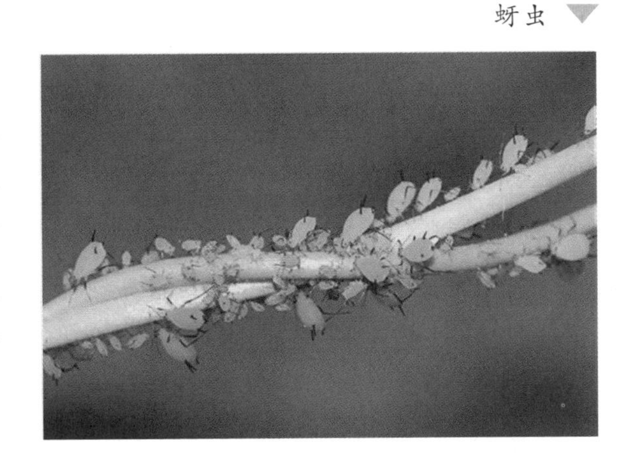

几乎所有的园艺蔬菜都会被侵害。病害症状为成团的蚜虫密集生长，除了吸取植物汁液，还会传播花叶病等病毒。

2. 菜青虫

为菜粉蝶的幼虫，嗜食十字花科植物，特别偏食厚叶片的卷心菜、花菜、白菜、萝卜等。病害症状为叶片孔洞或缺刻，严重时叶片被吃光，只残留粗叶脉和叶柄。

家庭园艺病虫害的预防

在干净的地方培育植物

在自然光照和通风良好的干净场所培育植物，这是预防病虫害发生的第一步。一般家居二楼以上的阳台已经改造成室内的空间，干净自然是没有什么问题的，但在底层有“天井”或别墅接近庭园的地方，就要经常清扫，并对植株适当消毒，预防病虫害发生。此外，及时清理枯萎的叶子和花朵，甚至包括多余的枝条，也是很重要的预防环节。

适时栽种

有些家庭园艺植物，比如小松菜和菠菜等蔬菜，秋天播种比春天播种更少发生病虫害，同时也更容易培育。这一点对家庭园艺来说是很重要的经验。

利用相生植物

有些植物只要种在一起，有害生物就不敢靠近，这类植物叫作相生植物。相生植物很多，应该好好利用。比如万寿菊，凡是种植万寿菊的土地，土里的根瘤线虫就会减少。其实把相生植物混栽在同一个容器里，不仅能够有效预防虫害，视觉效果也很美观。薄荷和迷迭香的香气会阻止菜粉蝶来产卵。所以只要把这些植物并排放在一起，就能起到很好的预防效果。

驱除蚜虫的相生植物：薄荷、水田芥、大蒜等。

薄荷

鼠尾草

万寿菊

驱除菜青虫的相生植物：薄荷、鼠尾草、百里香、迷迭香等。

驱除线虫的相生植物：万寿菊。

家庭园艺病虫害的治疗

病虫害的非药剂治疗

如果发现菜青虫，立刻用筷子或镊子捕杀；有菜粉蝶产卵，立刻将虫卵用手指捣碎。

如果发现蚜虫，可以直接用手指捻死。

如果植株干燥发生棉红蜘蛛，立刻向叶子背面洒水，虫子就会减少。

环保杀虫杀蜱黏虫板是通过物理作用来黏虫的。

平时要仔细观察，只要尽早发现尽早驱除，病虫害就不会扩大，这一点非常重要。

病虫害的纯天然“农药”治疗

我国植物资源十分丰富，可以作为农药的植物种类也很多，目前常用的有烟草、鱼藤、除虫菊、艾草、蓖麻、桃叶、银杏、车前草、大葱、大蒜等。特别是园艺种菜，临近收获期的植物，建议选用天然成分的药剂。现将常用的配制方法简介如下：

1. 白花除虫菊

采白花除虫菊，晒干磨成粉末，每100克加水20千克，彻底溶解后过滤，再加入少量洗衣粉拌匀喷雾，可防治蚜虫、叶蝉虫、菜青虫、金花虫等。将除虫菊蚊香点燃后挂植株上，并用塑料薄膜密封15分钟左右，熏杀粉虱。

2. 艾草（又称野蒿）

取鲜艾草450克切碎，加水45千克煮或浸泡7～8小时，过滤后喷雾；可防治蚜虫、红蜘蛛、菜青虫、软体动物等。

▼ 艾草

3. 蓖麻

取蓖麻种子450克捣碎，加水0.5千克浸泡3～4小时，另加少量洗衣粉，再加水

45千克，边加水边搅拌，过滤后喷洒，可防治金龟子、蚜虫、叶蝉虫等。将蓖麻叶、秆晒干，碾成粉末施入土中，可防治地下害虫蛴螬。

蓖麻

银杏

4. 曼陀罗（又称醉心花）

取鲜曼陀罗450克切碎，加水4.5千克煮0.5小时，可防治蚜虫蛛、黏虫、玉米螟等，对锈菌孢子也有一定的抑制作用。

5. 银杏（又称白果树）

将银杏叶及树皮切碎晒干，碾成细末施入土中，可防治金针虫、蛴螬等；叶片450克切碎，加水1.5千克浸泡1.5小时，反复揉搓后过滤喷洒，可防蚜虫等害虫。

6. 桃叶

取桃树叶片450克切碎，加水25千克，煮0.5小时，过滤后喷洒，可防治叶蝉、黏虫、尺蠖及有害软体动物。将桃叶切碎晒干，碾成细粉施入土中可防治蛴螬、蝼蛄等地下害虫。

▲ 金银花

7. 车前草

取鲜车前草500克捣烂，加水1千克煮约0.5小时，过滤后淋灌土面，可防治地下害虫。将车前草捣烂后加水5倍，浸泡1昼夜，过滤后喷洒，可防治金龟子，蝽象、蚜虫、红蜘蛛等害虫。

8. 金银花

将金银花茎、叶450克切碎，加水1.5千克煮沸，过滤后喷洒，可防治地老虎、金针虫等。

9. 大葱

将葱的外皮、烂叶捣碎，加水10倍浸泡过滤后喷雾，可防治蚜虫、软体害虫，并能抑制白粉病蔓延。

10. 大蒜

将大蒜捣烂，浸提汁液，加水10倍搅匀过滤后喷洒，可防治蚜虫、红蜘蛛、介壳虫若虫和灰霉病、腐病等。

病虫害的化学药剂治疗

化学农药能有效地调控园艺植物的病虫害，已经有300多年的历史。

正确使用化学药剂是防治植物病虫害的关键，虫害必须使用杀虫药剂，菌害必须使用杀菌药剂，绝对不能搞错。同时按照正确的用法和用量使用，对人对植物没有太大危险，而且只要少量药剂就能发挥很大功效。

如果植物发生白粉病类的菌害，首先应该考虑非药剂治疗。万不得已才考虑喷洒环保药剂，比如有效成分为碳酸氢钾的药剂施药后还能发挥钾肥作用。

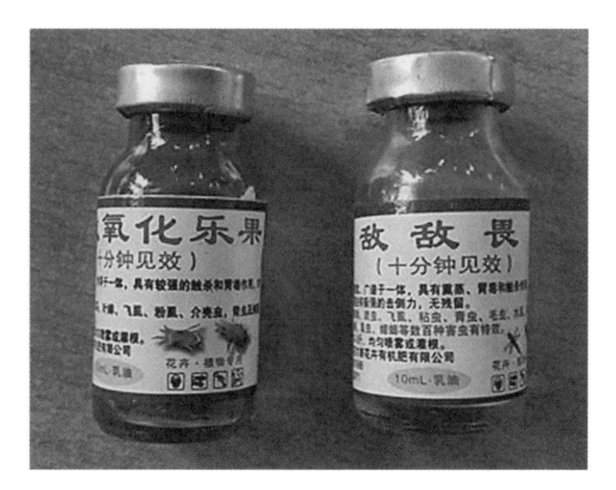

剧毒药剂

市场上有很多可供选择的家庭园艺常用防治病虫害的高效低毒杀菌剂和杀虫剂。同时也要当心有剧毒的化学药剂，比如敌敌畏、氧化乐果。

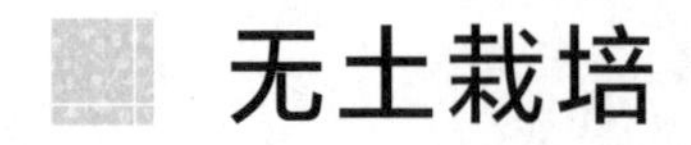

无土栽培

无土栽培的定义

无土栽培是一种不用天然土壤，采用含有植物生长发育必需元素的营养液来提供营养，使植物能正常完成整个生命周期的栽培技术。满足无土栽培的三个必要条件如下：

不用天然土壤

为了使植物植株得以竖立，必须有替代土壤的东西，这就是现代栽培技术里面称为“基质”的东西。基质可以是多孔陶粒、蛭石、珍珠岩、泥炭、锯末、椰糠，甚至可以用泡沫塑料。

使用生长发育必需元素的营养液

植物要维持其正常的生长与发育，营养液至少需要13种以上的必要元素，而且是呈彻底溶解的离子状态。

整个生命周期都在上述条件下完成生长发育

根据种植需求可以是植物的营养生长一个阶段，也可以是植物的营养生长、生殖生长两个阶段。

基　　质

无土栽培对基质的要求

基质具有一定颗粒大小：颗粒大小会影响容量、孔隙度、空气和水的含量。

基质具有良好的物理性质：疏松、保水、保肥、透气。

基质具有稳定的化学性状：不含有害化学成分，酸碱度呈中性，pH值保持6 ～ 7为宜。

容易和其他基质混合使用：一般以2 ～ 3种基质混合为宜。

基质容易杀菌消毒：无土栽培基质长期使用容易发生病虫害。因此农业生产在每次使用之前要对基质进行蒸汽消毒或化学消毒处理。

草莓无土栽培

基质允许长期使用：可以多周期连续使用。

此外，基质还有外观洁美、

来源容易、价格低廉、经济效益高和不污染环境等特点。

无土栽培常用基质

1. 陶粒

陶粒是铝矾土等原材料经过高温烧结的产物。具有多孔、质轻、表面强度高的特殊构造，常用于园林绿化和室内绿化，既满足了植物含水的需要，同时也满足了透气的要求，尤其是其无粉尘、质轻的特点已经越来越多地应用到室内观赏植物的种植中了。

▼ 陶粒

▲ 蛭石

2. 蛭石

蛭石是云母高温焙烧的产物。质轻、保温、水肥吸附性能好，不腐烂，可使用3～5年。除作盆栽土的疏松调节剂，提高土壤的透气性和含水性，还可用于无土栽培。蛭石能够有效地促进植物根系的生长和小苗的稳定发育。长时间提供植物生长所必需的水分及营养，并能保持根部温度的稳定。

3. 珍珠岩

珍珠岩是一种火山喷发的酸性熔岩，经急剧冷却而成的玻璃质岩石。较大颗粒珍珠岩用于蔬菜育苗，作为育苗土的必备成分，以增加营养基质的透气性和吸水性。

4. 泥炭

泥炭是一种经过几千年所形成的天然沼泽地产物。无菌、无毒、无污染，通气性能好，质轻、持水、保肥，有利于微生物活动，既是栽培基质，又是良好的土壤调解剂，并含有很高的有机质，腐殖酸及营养成分。

5. 锯末

锯末是木材加工时从树木上散落下来的树木本身的末状木屑。经发酵、消毒后的锯末，调节好酸碱度后，作无土栽培的基质，其效果和珍珠岩粉一样好。

珍珠岩

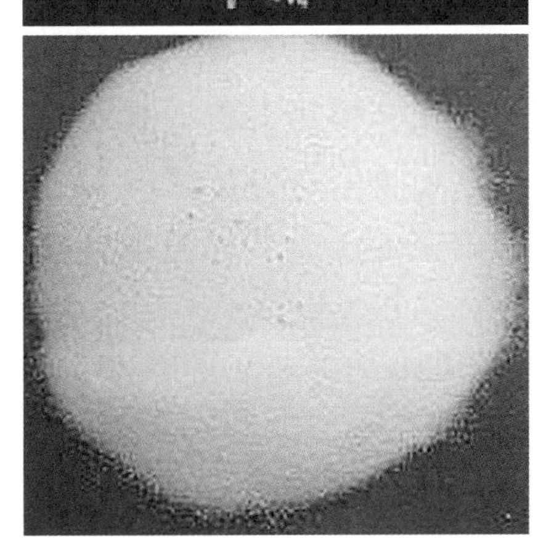

泡沫塑料

6. 椰糠

椰糠是椰子外壳纤维粉末，是加工后的椰子副产物，它是从椰子外壳纤维加工过程中脱落下的一种纯天然的有机质介质。经加工处理后的椰糠非常适合于培植植物，是目前容器化育苗、扦插床、种子催芽播种床与盆栽的优良无土栽培基质。

7. 泡沫塑料

泡沫塑料是把工业脲醛泡沫经过特殊处理的产物。是具多孔结构、表面粗糙的泡沫小块，与土壤理化

性质相近，吸水量是自重的10～60倍，吸饱水时仍有大量空气孔隙，和其他基质混合使用，能改善营养土的性能和营养液培养缺氧的问题，是一种新型的轻型无土栽培基质。

营养液

无土栽培对营养液的要求

营养液具备必需元素：营养液中至少含有植物生长所必需的13种营养元素，元素间不能互相取代，缺少其中任何一种，植物的生长发育就不会正常。

营养液各元素比例合理：不同营养元素的比例都应符合植物生长发育的要求。

营养液元素总盐分浓度适当：组成营养液各元素的总盐分浓度应适合植物生长发育的要求。

营养液元素盐分彻底溶解：组成营养液的各种化合物应保持彻底的离子状态。营养液配制过程要避免出现难溶性沉淀，否则会降低营养元素的有效成分。

营养液的酸碱反应平稳：营养液的酸碱度将影响植物的代谢和植物对营养元素的吸收。

无土栽培营养液的配方很多，但大同小异，因为最初研制出来的无土栽培营养液配方来源于对土壤浸提液的化学成分分析。

DIY配制无土栽培营养液

1. 大量元素：硝酸钾3克，硝酸钙5克，硫酸镁3克，磷酸铵2克；硫酸钾1克，磷酸二氢钾1克

2. 微量元素:(化学试剂)乙二铵四乙酸二钠100毫克,硫酸亚铁75毫克;硼酸30毫克,硫酸锰20毫克,硫酸锌5毫克,硫酸铜1毫克,钼酸铵2毫克

3. 纯水或自来水:5 000毫升

将大量元素和微量元素分别配成溶液,然后混合即为营养液。微量元素用量很少,不易称量,可扩大倍数配制,然后按同样倍数缩小抽取其量。例如将微量元素扩大100倍称重化成溶液,然后提取其中1%溶液,即所需之量。营养液无毒、无臭,清洁卫生,可长期存放。

配制时先用50℃左右的少量温水将上述配方中所列的无机盐分别溶化,然后再按配方中所开列的顺序逐个倒入装有相当于所定容量75%的水中,边倒边搅动,最后将水加到全量,即成为配好的营养液。

配制或存放营养液时不能使用金属容器,而要使用陶瓷、搪瓷、塑料或玻璃容器,以免发生化学反应。

市场上销售的无土栽培营养液

营养液

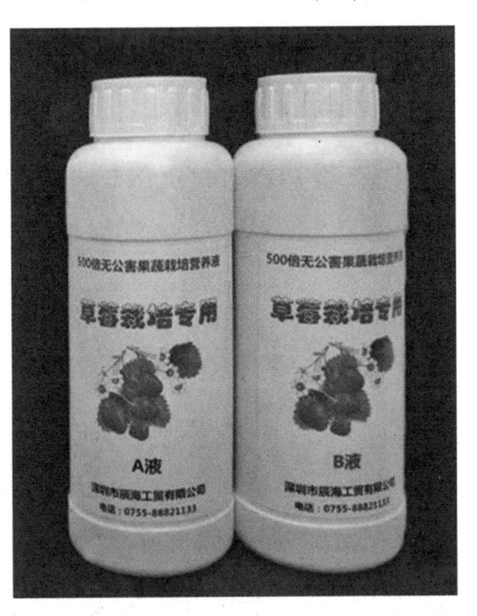

市场上有许多种通用型的和专门型的无土栽培营养液可供选择,不管是液剂的还是粉剂的,大多无土栽培营养液产品都是分成A和B包装的。在配制后和使用前,必须认真检查营养液中是否有难溶解的沉淀物,这往往和不规范的配

制有关。沉淀物越多，营养液肥效越差。所以在营养液配制的各个环节，如用水质量、稀释倍数、A和B包装的溶解顺序，必须按照说明书仔细做，不得有误。

植物在无土条件下的生长发育全过程

无土栽培避免和自然土壤接触的目的，就是避免有害生物如细菌、病毒、寄生虫的感染；避免化学污染物如重金属的接触，从而保证植株整个生命周期的健康。

无土育苗

无土育苗是近代培种植物所用的新技术，不用泥土用基质。植物种子的萌发过程中只需要氧气、水，依靠种子的胚乳或子叶提供萌发需要的营养和能量，但幼苗开始光合作用，根部就需要吸收外部的营养。这时应适当用培养液来育苗，使苗健壮挺拔才能便于移栽。无土育苗分为穴盘无土育苗和海绵水培育苗。

1. 穴盘无土育苗

又叫机械化育苗或工厂化育苗。是以草炭、蛭石等轻质材料做基质，装入穴盘中，采用机械化精量播种，一次成

▼ 穴盘无土育苗

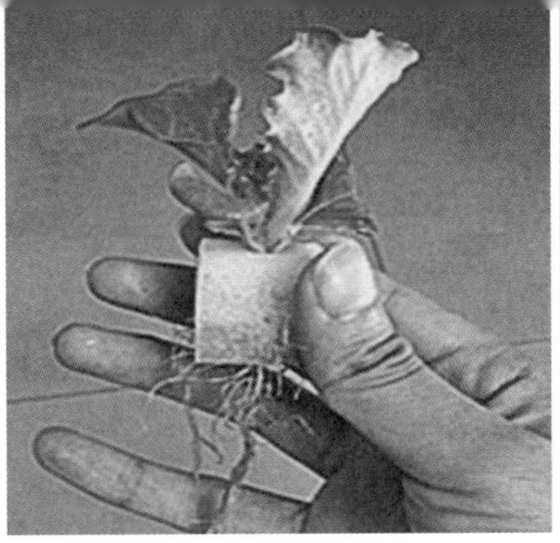

海绵水培育苗

苗的现代化育苗体系。

2. 海绵水培育苗

海绵水培育苗是目前水培植物中不可少的育苗方法，植物可直接在水培育苗海绵上育苗，水培育苗主要用于营养液栽培。

无土栽培

营养液栽培模式根据植物栽培过程中对于根域环境不同及摄取氧气、水分、营养方式的不同，综述归纳出八大类别。

1. 静止水培（又叫SAT栽培）

这种方式具有较深的营养液层，定植的植物根系浸泡于营养液中，而营养液的溶氧问题主要通过曝气解决，用这种方式栽培的植物通过两方面摄取氧，部分露于空气中的根系可解决部分氧气代谢外，

静止水培

浸泡于营养液中的根系可以从营养液中获取溶解氧。

2. 潮汐式水培(又叫EFT栽培)

这种方式下,植物通过营养液位高低的变化来摄取氧,在一涨一退的过程中,让植物根系循环地处于露根与浸根交替状态,当营养液位变高时,根系被淹没吸收水与营养,营养液位变低时,根系露于空气中,可以充分地摄取氧,从而实现营养成分与氧气的协调供给与吸收。

▼ 潮汐式水培

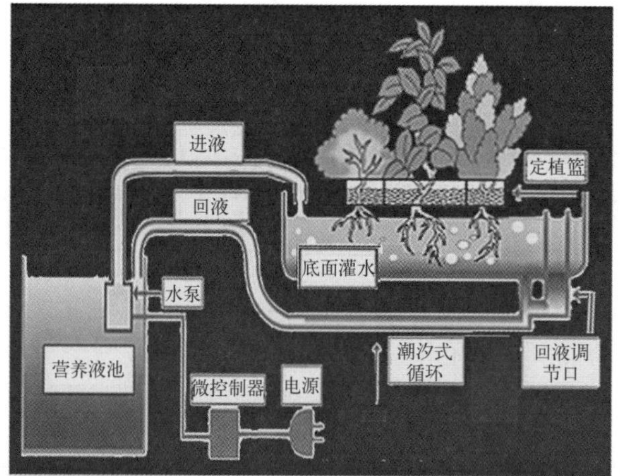

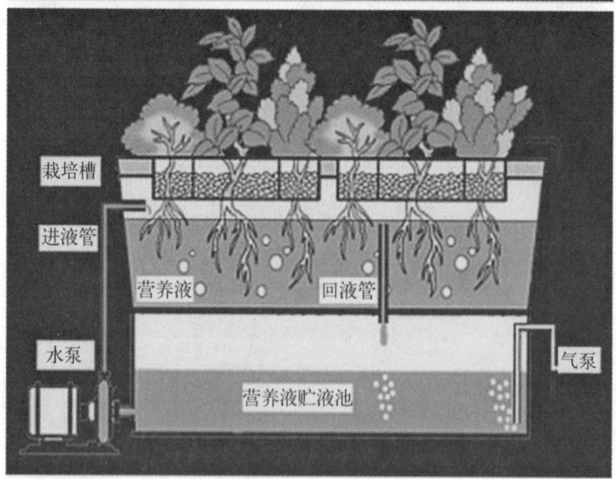

▲ 深液流循环式栽培

3. 深液流循环式栽培(又叫DFT栽培)

这种方式有较深的营养液层,但是它解决水中溶氧的方式是采用水循环的方法,在水循环系统中设计了有利于提高水中溶氧的设计,如具有较大的营养液池,可以使营养液的温度稳定,让营养液在循环过程中有似瀑布跌落的环节,实现营养液增氧。

4. 水气培（又叫AFT栽培）

这种方式是在深液流循环的基础上让营养液与空气的接触表面积增大，在进液处安装空气混入装置或促入纯氧溶入的气液混合技术，让根系处于溶氧富足的环境中，能使植物生长更快。

5. 营养液膜水培（又叫NFT水培）

这种方式是让定植的植物根系始终处于薄层的营养液中获取水分营养的同时，大多数根系暴露于潮湿的定植空间中摄取空气中充足的氧。间歇而不断循环的0.5厘米厚的营养液层有很大的空气接触面，可溶入更多的氧气，这种技术能充足地供给植物所需的矿质营养、氧与水分，是很实用的水培模式。

水气培 ▼

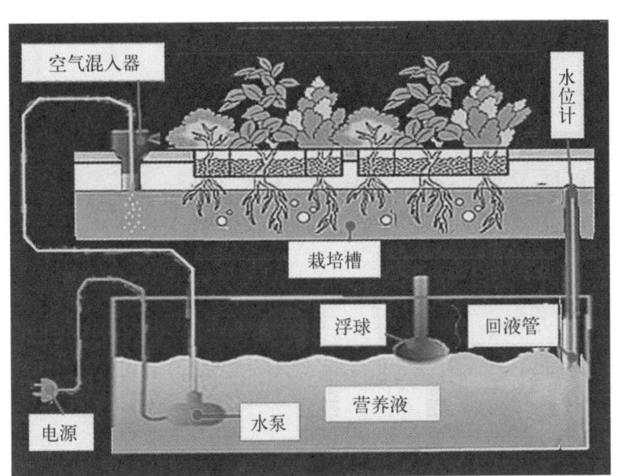

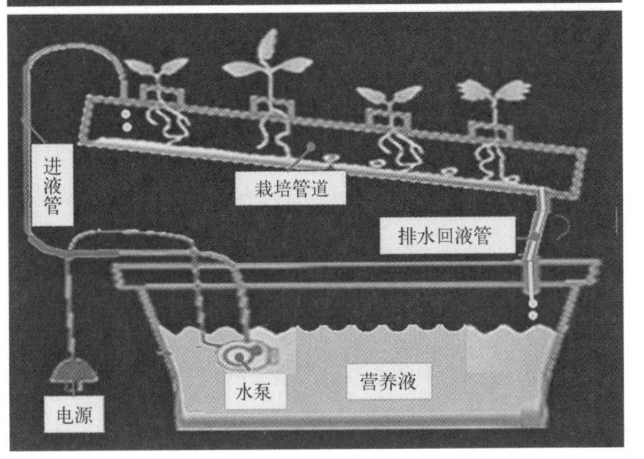

营养液膜水培 ▲

6. 营养液滴灌栽培（又叫DIT栽培）

这种方式以滴灌的方式向植物根系供给生

▼ 营养液滴灌栽培

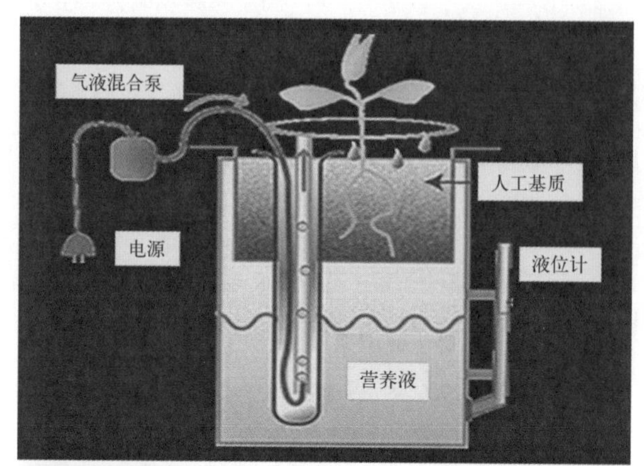

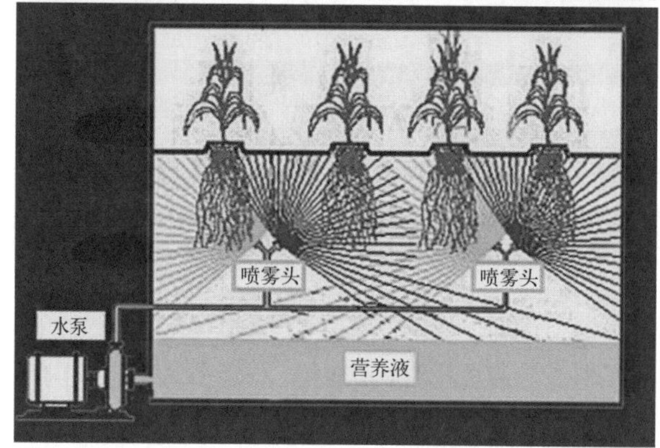

▲ 气雾栽培

长所需的营养与水分，植物根系生长于固态的无机基质中，因基质具有很强的透水性，所以根环境比土壤基质有更高的氧气量，它的生长大大超过了传统的土壤栽培。

7. 气雾栽培（又叫RMT栽培）

这种方式是以喷雾供给植物根系营养与水分，其根系悬吊于充满营养雾的空气中，可以达到90%的氧供给状态，能激发根系以最大的吸收矿离子潜能来促进植株对水分及营养的摄取，所以它的生长速度是土壤栽培的3～5倍，水培的1.5～2倍，这种方式是植物工厂中最为实用与高效的技术。

8. 超声波雾化栽培（又叫FFT栽培）

这种栽培最重要的特点是雾化效果比气雾培更佳，能为根系供给更细微的营养液，甚至供给的也达到分子级，所以它的生长速度又比气雾来得快，是最具潜能的未来新型模式。设施极为简单，只要在营养液中装配超声波雾化头，实现营养液的高能振荡，实现水的分子化供雾。

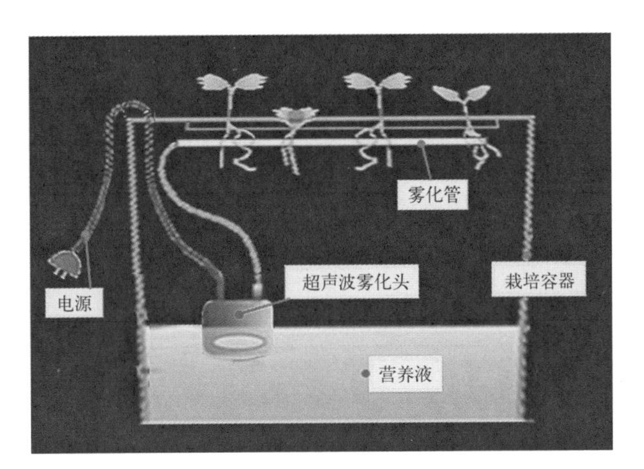

超声波雾化栽培

气雾栽培和超声波雾化栽培是最节水的栽培方式，它利用喷雾装置将营养液雾化为小雾滴状，但整个培育过程需要保证每隔2～3分钟向根部喷雾几秒钟。设备要求可靠，否则造成喷头堵塞、喷雾不均匀等问题。

在日本1985年筑波世博会上，展出了一棵长有13 000个果实的西红柿树。这棵参展的西红柿树，是由一颗极普通的种子发芽之后通过水耕法培养起来的。水耕法就是使幼苗脱离泥土，放在水槽里，把普通肥料以适当的浓度溶化在水里作为植物营养成分，然后进行水温和水流的管理，并充分供应氧气。

长有13 000个果实的西红柿树

中国盆景

盆景是我国五千年传统文化中的一颗璀璨的明珠，是老祖宗留给后代珍贵的园艺遗产。除了掌握一手制作盆景的绝活，还应该多多了解盆景背后的故事。

盆景以植物、山石、土、水等为材料，经过艺术创作和园艺栽培，在盆中典型、集中地塑造大自然的优美景色，达到缩龙成寸、小中见大的艺术效果，同时以景抒怀，表现深远的意境，犹如缩小版的山水风景画。人们把盆景誉为“立体的画”和“无声的诗”。

盆景的起源和历史

盆景起源于中国。1972年在陕西乾陵发掘的建于公元706年的唐代章怀太子墓，甬道东壁绘有侍女手托盆景的壁画，是迄今所知的世界上最早的盆景实录。

唐代的著名画家阎立本工笔人物画《十八学士图》的四条屏中，有大量盆景绘于图中，说明当时盆景艺术已达到相当高的水平。

侍女手托盆景的壁画

宋代的著名文士都对盆景做过细致的描述和赞美。苏东坡在《格物粗谈》中写道："芭蕉初发时分，以油簪横穿其根二眼，则长不大，可作盆景。"这是现在所知"盆景"一词的最早出处。

元代高僧韫上人制作小型盆景，取法自然，称"些子景"，使盆景另辟蹊径。

明清时期盆景更加兴盛，已有许多关于盆景的著述问世。《素园石谱》《长物志》《考盘余事》等专著的相继出现，形成了研究盆景的学术气氛。

20世纪50年代以后，盆景制作在公共园林、苗圃和民间家庭有了很大的普及。中国盆景艺术家协会和地方性盆

四条屏——十八学士图

景协会经常举办盆景学术交流和盆景艺术展览，推动我国盆景的艺术创作和理论研究。

日本的树桩盆景由中国传入，称“盆栽”。14世纪绘画中已有出现。1909年，日本盆栽通过伦敦的一次展览会而传到西方，第二次世界大战后始在欧美流行，并音译为“bonsai”。1980年在日本大阪召开了世界第一届盆景大会，同时举行了世界盆景展览。目前美国、英国、德国、澳大利亚和日本等都有全国性和地方性的协会。

盆景的流派

中国幅员辽阔，由于地域环境和自然条件的差异，盆景流派较多。传统的五大流派分为岭南派、川派、扬派、苏派、海派。

岭南派盆景

广东盆景因地处五岭之南而被称为岭南派，有数百年的历史。岭南派盆景受岭南画派的影响，旁及树法及花鸟画的技法，创造了以“截干蓄枝”为主的独特的折枝法构图，形成“挺茂自然，飘逸豪放”的特色。创作了秀茂雄奇大树型、扶疏挺拔高耸型、野趣横生天然型和矮干密叶叠翠型等具有明

岭南派盆景

显地方特色的树木盆景；利用华南地区所产的天然观赏石材，创作出以再现岭南自然风貌为特色的山水盆景。

川派盆景

川派盆景有着极强烈的地域特色和造型特点。其树木盆景，以展示虬曲多姿、苍古雄奇特色，同时体现悬根露爪、状若大树的精神内涵，讲求造型和制作上的节奏和韵律感，以棕丝蟠扎为主，剪扎结合，其山水盆景以展示巴蜀山水的雄峻、高险，在气势上构成了高、悬、陡、深的大山大水景观。

川派盆景

苏派盆景

苏派盆景

苏派盆景源于苏州地区，为树桩盆景的发展提供了极其有利的地域环境和自然条件。苏派盆景以树木盆景为主，采用“粗扎细剪”

的技法，成为苏派盆景的主要特色。在蟠扎过程中，苏派盆景力求顺乎自然，避免矫揉造作。结“顶”自然，也是苏派盆景的独到之处。

扬派盆景

以扬州为中心的扬派盆景地处江苏北部，故又称苏北派。扬派盆景经历代锤炼，受高山峻岭苍松翠柏经历风涛“加工”形成苍劲英姿的启示，创造应用11种棕法组合而成的扎片艺术手法，使不同部位寸长之枝能有三弯，将枝叶剪扎成枝枝平行而列、叶叶俱平而仰的“云片”，形成富有工笔细描装饰美的地方特色。

扬派盆景

海派盆景

海派盆景

海派盆景源于上海地区，造型形式比较自然，不受任何程式限制，因此其造型形式多种多样。主要有直干式、斜干式、曲干式、临水式、悬崖式、枯干式、连根式、附石式，还有多干式、双干式、合栽式、丛林式，观花与观果盆景。海派盆景所用树木有140余种之多。用盆以宜兴紫砂盆为主，花果类盆景也有用釉陶盆，盆的形式也多种多样，多用浅盆，以取得更好的画面效果。

盆景的分类

盆景一般分为树桩盆景和山水盆景两大类。这两大类盆景早在宋代就已形成。随着盆景艺术的不断创新和盆景材料的日益丰富，中国盆景的新类别也在逐步产生。可分为以下七大类：

树木盆景

以树木为主要材料，以山石、人物、鸟兽等作陪衬，通过蟠扎、修剪、整形等技术加工和园艺栽培，在盆中表现旷野巨木或葱茂的森林景象者，统称为树木盆景。由于树木盆景的材料常从山野旷地采掘而来，所以树木盆景习惯上

树木盆景

▲ 山水盆景

又称为树桩盆景。

山水盆景

以各种山石为主题材料，以大自然中的山水景象为范本，经过精选和切截、雕凿、拼接等技术加工，布置于浅口盆中，展现悬崖绝壁、险峰丘壑、翠峦碧涧等各种山水景象者，统称为山水盆景，又称山石盆景。

水旱盆景

水旱盆景是主要以植物、山石、土、水、配件等为材料，通过加工、布局，采用山石隔开水土的方法，在浅口盆中表

▲ 水旱盆景

▲ 花草盆景

微型盆景

挂壁盆景

现自然界那种水面、旱地、树木、山石兼而有之的一种景观盆景。

花草盆景

以花草或木本的花卉为主要材料，经过一定的修饰加工，适当配置山石和点缀配件，在盆中表现自然界优美的花草景色的，称为花草盆景。

微型盆景

一般树木盆景的高度在10厘米以下，山水和水旱盆景的盆长不超过10厘米的盆景，称为微型盆景。

挂壁盆景

挂壁盆景是将一般盆景与贝雕、挂屏等工艺品相结合而产生的一种创新形式。挂壁盆景可分为两大类，一类以

▲ 异型盆景

山石为主体，称为山水挂壁盆景；另一类以花木为主体，称为花木挂壁盆景。

异型盆景

异型盆景是指将植物种在特殊的器皿里，并作精心养护和造型加工，作成的一种别有情趣的盆景。

盆景的艺术要素

盆景的盆器和几架

盆景的艺术要素是由景、盆、几三个要素组成的。此三个要素是相互联系，相互影响，缺一不可的统一整体。也就是通常所说的景、盆、几三位一体。“景”在盆景中为主体部分，盆、几为从属部分。即一盆好的盆景，景、盆、几要相互配合默契、主次分明，注意避免把欣赏者的注意力引导到“盆”或“几”上来。盆、几无论在形状、体积、色彩等方面与景的关系要处理得协调、自然。要保持主客关系，这就是常说的一景二盆三几的原因。

盆器的质地、形状各异。树桩盆景多用紫砂盆和彩陶盆，形状不拘；山水盆景多用大理石、汉白玉、矾石或陶制的浅口盆，以长方形和椭圆形为多。几架多用红木、楠木、柚木、紫檀、黄杨等名贵硬质木材制成，也可用竹或天然树根加工。中国几架的传统形式可分明式和清式两类：明式造型古雅，结构简洁，线条刚劲；清式雕镂刻花，结构精致，线条复杂多变，各具特色。

几架

盆景的题名与陈列

给盆景以恰当而富有诗意的题名，可画龙点睛，引人入胜。中国的诗词、典故和成语，常是产生盆景题名的重要源泉。

盆景题名

为了使盆景在短距离、小空间中达到较好的观赏效果，放置的高度以适于平视为宜，或略低于视平线。如要给人以高耸入云的感觉，或系悬崖式盆景，位置可适当提高。背景色彩宜简洁淡雅，并与盆景有所对比和烘托、搭配。

盆景陈设要与环境协调。如中式古建筑厅堂中多对称陈放,格局整齐严谨;现代公共建筑和家庭中则应与室内装饰相配合,因地制宜。盆景展览时的展品陈列讲究整体艺术效果,要高低起伏、前后错落、疏密有致、重点突出。长期展出的盆景园还要注意盆景植物生长的条件和养护管理。

家庭园艺肥料推荐

家庭园艺已经告别了又臭又脏靠自己沤肥的年代，上档次的品牌园艺肥料已经进入了我们的园艺生活。这些现代园艺肥料，不仅肥力好，使用起来更方便。这里向大家推荐家庭园艺肥料十大品牌排行榜名列第一的美乐棵水溶性园艺肥料系列、营养土系列、浓缩液体肥系列、棒状缓释肥和颗粒控释肥，在大型超市和花卉市场都有专柜销售。

美乐棵产品

水溶性园艺肥料系列

根据不同植物生长特点有通用型、花卉型和蔬果型三种不同的水溶性园艺肥料配方，并有500克、250克、60克不同包装规格可供选择。

水溶性园艺肥料的特点

1. 通用型产品

成分：氮24%、磷12%、钾14%、硫4%、微量元素总含量0.2%

适用对象：花卉植物、室内盆栽、果蔬类作物、蔷薇科植物（玫瑰、月季等）

2. 花卉型产品

成分：氮15%、磷15%、钾20%、硫7%、微量元素总含量0.2%

适用对象：草花类、蔷薇科植物、盆花类（红掌、凤梨、蝴蝶兰等）

3. 蔬果型产品

成分：氮22.4%、磷14%、钾14%、钙1.2%、镁0.5%、微量元素总含量0.2%

适用对象：茄果类植物（番茄、茄子、甜辣椒等）、果物类作物（柑橘、草莓等）、其他蔬菜作物（叶菜类、瓜类、豆类等）

水溶性园艺肥料使用方法

1. 用包装内附的量勺取一勺10克肥料溶解于4升自来水中，搅拌均匀即可施用。

水溶性园艺肥料

2. 可用喷壶或花洒施用。最好先喷施植物叶面，以上部叶片刚好湿润为宜。然后再进行灌根，以植物周边的土壤湿润即可。

3. 每隔7～14天施浇一次，效果最佳。

营养土系列

根据不同植物根系生长特点有通用型、蔬果型、兰花型三种不同的园艺营养土配方可供选择使用，6升包装规格。

营养土的特点

1. 泥炭、椰糠及优质树皮，按特定比例混合，具有良好的保肥性、持水性和透气性。

2. pH值为5.5～6.5，适合植物生长的范围，为植物根系提供健康的生长环境。

▲ 家庭园艺营养土

3. 添加了全元素的控释肥，肥效期长达3个月。

4. 清洁、无异味，无病原菌、虫卵及杂草种子。

营养土使用方法

营养土满足幼苗生长发育含有多种矿质营养，疏松通气，保水保肥能力强，无病虫害，直接就能装盆使用。

浓缩液体肥系列

针对不同植物种类的特殊养分需求有通用型、花卉型、蔬果型、多肉型、兰花型五种配方可供选择使用，500毫升和250毫升两种包装规格。

浓缩液体肥的特点

1. 养分含量高，见效快。含有植物成长所必需的全部微量营养元素，微量元素均以独特配比调和而成，没有拮抗作用。

老张,你家阳台上种的蔬菜真不错!
那当然,既美观,又可以吃,绿色食品!
wang•2019-01

2. 可以同时通过根部和叶面供给养分。

浓缩液体肥使用方法

1. 取1瓶盖本品溶解于4升水中，搅拌均匀即可施用。

2. 施用时，先喷施叶面，以上部叶片刚好湿润为宜。然后进行灌根，水量以浸泡植物周边的土壤湿润即可。

3. 每隔7～14天施浇一次，效果最佳。

棒状缓释肥

棒状缓释肥有24支、8支两种包装规格可供选择。

棒状缓释肥的特点

1. 美乐棵氮素缓释专利技术，除了氮、磷、钾之外还有植物健康茁壮生长的全部微量元素。缓释肥是通过化学和生物因素使肥料中的养分释放速率变慢，养分在春夏季持续释放长达2个月，秋冬季持续释放长达3个月。换句话说，施用一次美乐棵家庭园艺棒状缓释肥，至少两个月内不用再施肥，最大限度地节省时间，让园艺

▼ 棒状缓释肥

生活更轻松。

2. 棒状造型，可直接插入盆栽的土壤中，养分吸收高效。

棒状缓释肥使用方法

1. 在植物茎秆与花盆边缘位置插入棒状缓释肥，用手轻压至没入盆土中即可。

2. 春夏季每两个月使用一次，秋冬季每三个月使用一次。

颗粒控释肥

颗粒控释肥是250克包装规格。

颗粒控释肥的特点

1. 采用专业包膜控释技术，通过在养分颗粒外面包裹一层可以生物降解的有机树脂包膜来实现养分控制释放，根据植物生长周期的需求自动调节养分释放，既不会出现释放不足造成植物缺乏养分生长不良，也不会释放过量造成养分流失与浪费。

颗粒控释肥

2. 养分可以持续释放长达4个月。

3. 独特的瓶口设计，摇一摇，施肥

更轻松。

颗粒控释肥使用方法

1. 摇动瓶身，将肥料颗粒均匀撒在营养土表面，避免肥料滞留在植物叶面上。如果想要效果更好，可在肥料上盖一层营养土。

2. 换盆时也可事先将肥料均匀地拌在营养土中。

3. 独特的瓶口，摇一下，散出1克颗粒控释肥。

4. 用量推荐：花盆直径8～9厘米施用1克，10～12厘米施用2克，13～16厘米施用4克，17～20厘米施用8克。

水仙造型欣赏

最简单的水仙雕刻号称“开盖”，就是暴露花芽，目的是控制花期，让水仙在过年时开花，香气扑鼻。复杂的水仙雕刻还有更重要的目的，在闻花香的同时，欣赏水仙奇异的造型。

水仙花的造型原理

水仙造型是一项传统园艺，又称水仙雕刻艺术。是通过刀刻和其他手段，使水仙的叶和花矮化、弯曲、定向、成型；根部垂直或水平生长；球茎或侧球茎按照造型要求养护、固定。水仙造型主要是通过对花、叶的机械损伤、阳光和水分控制的办法，使花和叶达到艺术造型的目的。

在造型雕刻时，故意使花梗或叶片的一侧受伤，在愈合过程中，受伤的一侧生长速度减慢，未受伤的一侧则正常生长。生物学认为雕刻造型的实质是破坏部分细胞组织从而造成生长速度不一致，这样花梗或叶片就出现偏向生长，向

受伤的一侧弯曲。

水仙的造型设计

表1 水仙的造型设计案例

材料选择		造型案例1	造型案例2
水仙花仅有主球无子球			
水仙花有主球和两个对称子球			
水仙花有主球和两个不对称子球			
水仙花有主球和多个子球			
水仙花只有子球			

水仙的造型类型

表 2　水仙的造型案例

造型类型	造型案例 1	造型案例 2
赏花叶类：主要雕刻花和叶，一般对根、球茎不加雕琢。		
赏球茎类：雕刻主要在球茎、侧球茎的外形，雕琢花叶作为衬托，形成独特的造型。		
赏根类：主要观赏部位是细白长根。		
拼接类：用多个水仙花头经雕刻，拼接成栩栩如生的各种形象。		
奇石配置类：可与奇石配置，更加新颖别致。		

水仙造型的基本方法

杯状雕刻法

于主球茎由下至上1/2～2/3处环刻一周，将刻痕以上的鳞片慢慢剥除，待花苞剥露后，向下雕挖，直到花苞全部裸露，再删削叶片、雕刮花梗，使整个主球茎宛如银杯，水养后，花、叶卷曲在杯中及周围。两个侧球茎的叶片伸长之后，拢起作为篮把，状如“喜庆花篮”。

掏空雕刻法

将球茎顶端切除1/3，然后将鳞片用槽形刀、匙形刀挖出，掏空球茎内部，留下完整的芽苞，再行删削叶片和雕花梗。使卷曲的花、叶在完整洁白的球茎顶端生长开放。掏空

杯状雕刻法

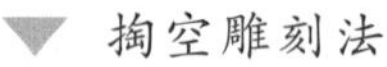

掏空雕刻法

雕刻法是“玉壶生津”等造型的主要技法。

背部雕刻法

背部雕刻法

从球茎背部进刀，将内部的鳞片挖出，留下芽苞，再进行删削叶片及雕刻花梗。背部雕刻法要求创口尽量小球茎正面尽量保持完整。

拼凑造型法

用多颗水仙球茎精心拼凑成特定的造型。先用支撑物制造成固定形状，将水仙的花、叶、鳞片和球茎固定于支撑物上，然后对花、叶造型雕刻。

1. 弯尖叶：从叶片尖部下2厘米处顺边削去2毫米宽，占叶长2/5的部分，并在削口处去除一点薄皮。

拼凑造型法

2. 凤尾叶：从叶尖到叶的2/3处，顺边削去2毫米，在削口中部去除一点薄皮。

3. 鸡尾叶：从叶尖到叶的1/3处，顺边削去3毫米。

4. 螃蟹叶：由叶尖到叶基削去叶片宽的1/2。

5. 盘龙叶：由叶尖到基部削去叶片宽的3/5，削得越多，弯曲越大。

6. 钩形花：由花苞下到3/5基部削去花梗部位1/6的薄皮。削在正面，开花时花向前弯，削左向左弯，削右向右弯。

7. 绣球型矮花：由上至下削去花梗的1/5，开花时花的高度只有6～7厘米。

诱根造型法

中国水仙根细腻雪白，可用来塑造“飞流直下三千尺”瀑布或“银髯飘拂”的寿星银须。

雕刻好的球茎水养发出1～2厘米根后，将根部用脱脂棉包好，端正地坐在直径10～12厘米的长圆筒形容器口上，使根尖入水少许。每日换水，瓶外用黑布或黑纸包裹遮光。

▲ 诱根造型法

水仙造型后的养护

清水处理和球茎盘嫩根保护处理

造型水仙刻好之后的清水处理和球茎盘嫩根保护处理与水仙一般雕刻一样。

造型水仙上盆放置的方式

仰置是雕刻伤口的一面朝上，根部朝向侧方。

竖置即正置，即叶、花向上，根部向下放置。

倒置是把雕刻的水仙球茎倒过来水养，即叶向下，根部朝上放置。倒置要注意用脱脂棉盖住球茎盘和根部，并使棉花下垂盆中，以吸水养根。

俯置即反置，将伤口的一面朝下，未伤的球茎一面朝上。

水仙上盆后的管理

由于鳞茎经雕刻，叶、花梗、球茎均受创伤，伤口蒸发量大，而且较易感染，加上新根未长出，吸收能力极差，易于失水萎蔫，故首先应放在阴凉处2～3天，而且要经常向球茎上喷洒清水。待伤口逐渐愈合，新根长出时，应及时移至阳光充足处，以便进行光合作用，使叶色转绿，防止徒长。水养初期必须天天换清水，水面应在伤口之下。

造型水仙花期控制

造型水仙所花的精力远远大于一般的水仙雕刻，制作者当然希望造型水仙花有更长的观赏时间。

温度控制

水仙喜寒怕热，生长期适宜温度为8～12℃，开花后则要求更低。温度低，花期长，反之则短。在室温23℃以上时，水养水仙的花期为1周，在15～20℃时，花期为10

天左右，在8～12℃时，花期为15～20天。家庭水养的水仙，在生长期要放在阳光充足、通风良好且远离暖气、火炉等取暖器的地方养护，花蕾欲放时要移至室内冷凉处，避免阳光直射，保持温度均衡。只要有一定的低温环境，便可有效地延长花期。

适当追肥

水仙在孕蕾后对养分的需求量更大，而此时鳞茎内的养分所剩有限，故生长后期应适当施肥。可从孕蕾开始，每隔7天至10天向盆内施磷酸二氢钾0.5克，或葡萄糖注射液2毫升，直至花谢。追肥后植株生长健壮，花蕾大，花朵多，花期可延长5天至7天。在水仙花盆中加入阿司匹林1/4片，也可以延长花期和延缓花朵枯萎。

冷藏处理

推迟开花可用冷藏处理。在水仙花苞开放1朵至2朵时，可将花球从盆中取出，用小塑料袋装好，放入冰箱储藏室内储存，使水仙暂时休眠，数日后取出放在盆内继续养护，可正常开花。

水仙造型的艺术欣赏

水仙花是一种“姿、色、香、韵”俱佳，“球、根、花、叶”共赏的花卉。艺术是相通的，水仙造型雕刻是一门“把多余的部分去掉”的造型艺术，更是一门“溪上清流梳石发”的水养工夫。雕刻定形，水养成器，水养对于雕刻水仙花来说，是造型过程最长的也是最为关键的阶段。前期如呵护襁褓之婴，中期如装扮待嫁之女，后期如观赏下凡之仙。“花无百日红”，水仙花灿烂的时刻是短暂的，但她的美却是永恒的。现代科技让我们有了将水仙花绰约流韵瞬间定身的“宝典”。水仙花雕刻艺术的成熟，使人们凭着丰富的想象力和优美的词汇而塑造出众多凌波仙子的形象，活脱脱地一一展现。

艺术欣赏

手机识别植物

我国“具有真正的花”有2.5万种，常见花卉品种也有5 000多种。对于一个在植物学方面毫无概念的普通人而言，这个数字是相当惊人的，除了百合、玫瑰、郁金香这些众所周知的种类，甚至连路边随处可见的野花都是不知其名的。

▲ “形色”软件

随着科技的发展，图像识别技术也越来越先进，这里介绍一款植物智能识别软件“形色”，只要拥有智能手机，就能轻松变身植物“专家”。

“形色”的功能

“形色”是一款识别花卉、分享附近花卉的App应用软件。不同于单纯鉴别花卉的应用，“形色”为用户搭建了一个持续性更强的社交平台。用户可以一秒钟识别植物，软件内部也有识花大师帮忙鉴定植物，地图上更有特色植物景点攻略。用“形色”，可以发现更多的花朵，遇见全世界的植物。

拍照识花

1. 随时随地，拍照上传植物照片，“形色”可以立即给出花名和寓意；

2. “形色”目前可精准识别4 000种植物，准确率高达92%；

3. 拍摄上传的图片一定要清晰，自然会提高植物识别的概率。

“形色”地图

1. 快速发现周边的植物，寻找当下全球盛开的鲜花，遇见专属花田；

2. 浏览全球精选赏花圣地，了解全球植物景点最新攻略，足不出户逛遍热门景点。

植物秘密

1. 植物社区：花卉趣闻、多肉养护、花艺培训等；

2. 精选美文：花花世界，无奇不有，让用户秒变“百花通”；

3. 花语壁纸：一花一语，一周心情，让喜欢的花开在手机屏幕上。

鉴定专家

1. 如果对“识花机器人”给的植物名称存在疑虑，可以

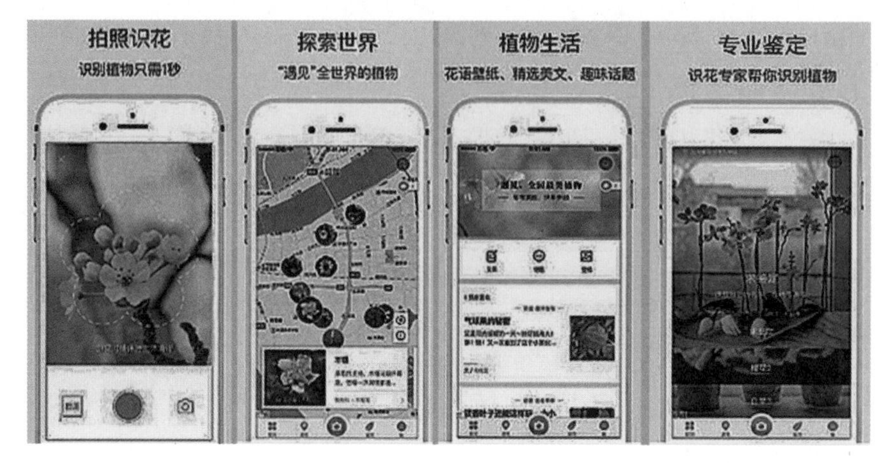

▲ “形色”的功能

去鉴定区找专家寻求答案；

2. 如果是植物爱好者，可以在“形色”变身鉴定达人，去“形色”指点植物江山。

适合人群

“形色”非常适合植物爱好者、花卉养护者、园林工作者、花艺爱好者、孩子家长、教育者、旅行者、摄影爱好者、文艺小青年以及任何热爱生活、喜欢植物的人。

“形色”的下载方法

通过电脑下载

1. 通过百度等搜索引擎直接搜索“形色”；
2. 点击“形色——用一次就上瘾的识花神器”；
3. 打开主页面，点击“立即下载”；
4. 用手机扫码下载。

这种植物
没见过，我们拍
下来，上传，
就能识
别啦！
Wang.2019-10-1

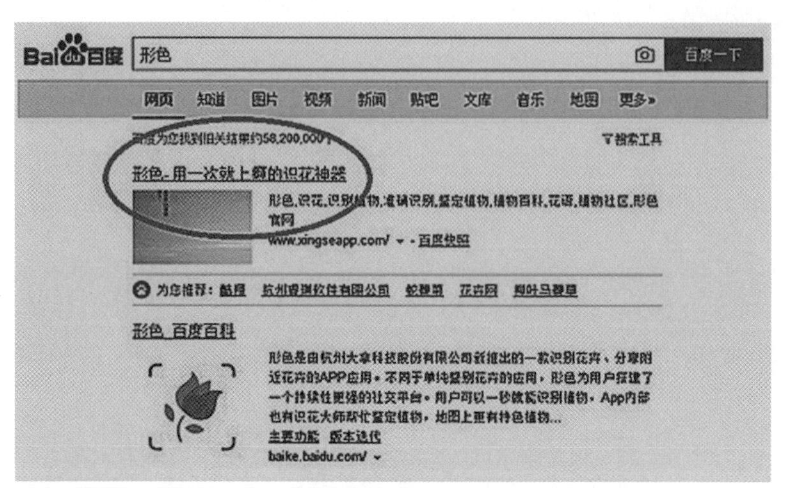

搜索软

▲ 下载软件

通过手机下载

1. 通过应用商店App Store直接搜索“形色”(苹果手机);
2. 直接点击“获取”即可。

▼ 获取软件

“形色”的使用方法

1. 打开“形色”软件；

2. 点击“相机”图标；

3. 对所要识别的植物进行对焦，拍摄的基本要求是，把花朵或果实或叶片的完整图像放在梅花框里，感觉清晰就拍下；

4. 出现画面，并告知植物的名字；

5. 如果对比结果表示怀疑，可以重新拍；

6. 确认是自己想要的答案后，点击“是此花”；

7. 此时关于该花的介绍，花名、花语、花的种植等信息都会出现。

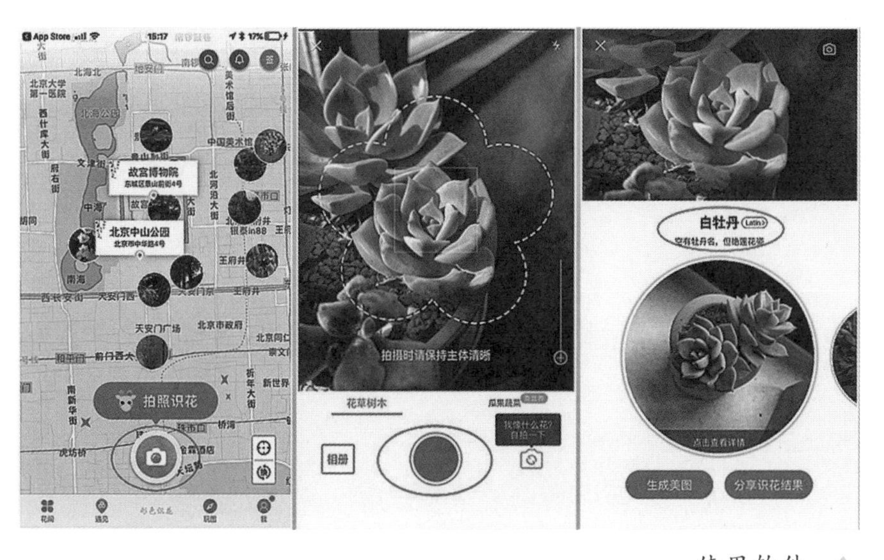

使用软件

第三篇

基本技能

播种·施肥

园艺活动有以下四大禁忌。

爱之过般：对花草爱护过度，或者浇水施肥毫无规律，想起来就浇，使花草过涝过肥而死；或者热心于将盆钵搬来搬去，导致植物不得不频频适应环境，正常的生长规律被打乱。这些都是不利于花卉生长的做法。

追逐名利：认为养花养草就要养名品，结果却往往是，由于缺乏良好的养护条件和管理技术，买来不久即夭折，既作践了名贵的花草，又浪费了钱财。

良莠不齐：贪大求全，喜欢的都往家里搬，这样不但给管理带来了难度，还有可能会把一些不宜种养的植物带进家中，损害健康。比如汁液有毒的花卉，接触后容易引起中毒；有些花卉的气味对人的神经系统有影响，容易引起呼吸不畅甚至过敏反应；外观有刺的植物对人体也构成一定的威胁，等等。

朝秦暮楚：心浮气躁，种植花草树木没有方向，栽种对象走马灯似的换来换去。此乃园艺大忌。应该选准一两种植物，重点体验种植培育，才能心有收获。

饮料瓶栽培容器的制作

装饮料的瓶子虽然都被统称饮料瓶，但也有各种各样的种类。从环保的角度，饮料瓶是非常合适做成各种栽培容器，用来培育小型植物的。况且通过动脑设计，动手做出来的作品对老年人来说，过程大于结果。

准 备 工 作

工具准备：锥子1把、螺丝刀1把、剪刀1把、记号笔1支、美工刀1把、老虎钳1把、锉刀1把、尼龙扎带数根。

基本工具

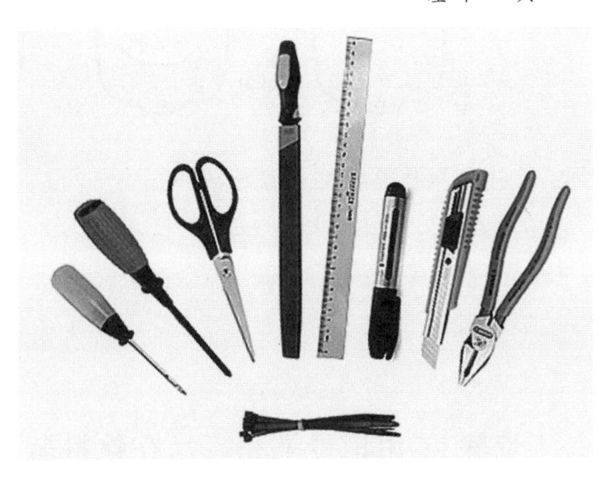

饮料瓶准

备：挑选4～5升容量的饮料瓶，把瓶子外商标去掉。

简单型花盆

步骤1：用美工刀在瓶体1/3～2/5处切开一个口子，插入剪刀，把瓶子剪成两个部分，带瓶口的上半部弃之不用；

步骤2：用锉刀把锐利的下半部切口锉平；

步骤3：在瓶体底部用锥子钻6～8个小孔，再用螺丝刀把小孔扩大成5～6毫米的圆孔；

步骤4：用剪刀剪一块合适大小的盆底网；

步骤5：在花盆里填入土壤，并种上植物。

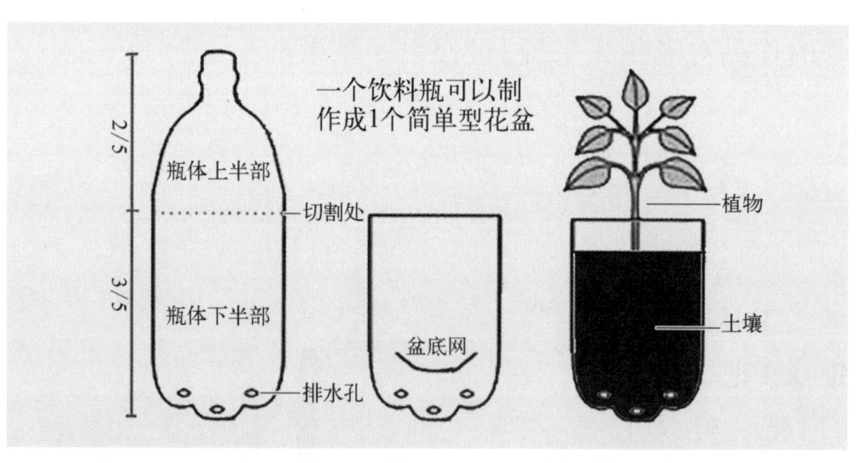

▲ 饮料瓶制作简单型花盆原理图

拼联型花盆

步骤1：用记号笔和直尺在饮料瓶的正中间做切割保

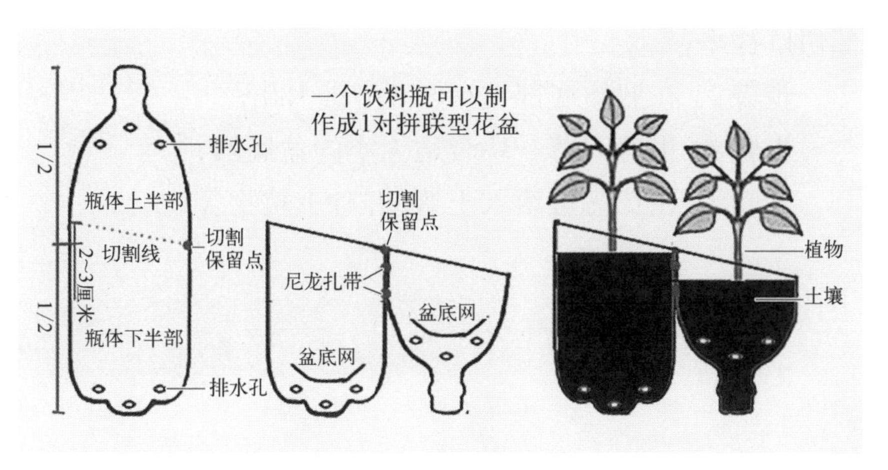

饮料瓶制作拼联型花盆原理图

留2厘米的记号；

步骤2：用美工刀在记号一边切开一个口子，插入剪刀；

步骤3：在瓶体侧面由切割保留记号的位置斜着向上剪，剪到记号点的正背面，为切割保留记号水平的2～3厘米高度；

步骤4：继续剪沿瓶体侧面斜着向下剪到切割保留记号的另一边，切割保留2厘米使上下两部分保持连接；

步骤5：剪完后在切割保留2厘米处对折，用锥子打洞后用尼龙扎带固定住；

步骤6：用锉刀把锐利的下半

制作好的拼联型花盆

部切口锉平；

步骤7：在瓶体底部钻6～8个排水孔；

步骤8：用剪刀剪一块合适大小的盆底网；

步骤9：在花盆里填入土壤，并种上植物。

自动浇水型花盆

步骤1：用美工刀在瓶体中间切开一个口子；

步骤2：插入剪刀把瓶子剪成两个部分；

步骤3：用锉刀把锐利的切口锉平；

步骤4：在瓶体上半部瓶口端用锥子钻6～8个小孔，再用螺丝刀把小孔扩大成5～6毫米的圆孔；

步骤5：将废旧的衣物用剪刀改制作出吸水布条，作为花盆中的吸水材料；

步骤6：隔1个孔穿一根吸水的布条，一半的小孔用作吸水，一半的小孔用作排水；

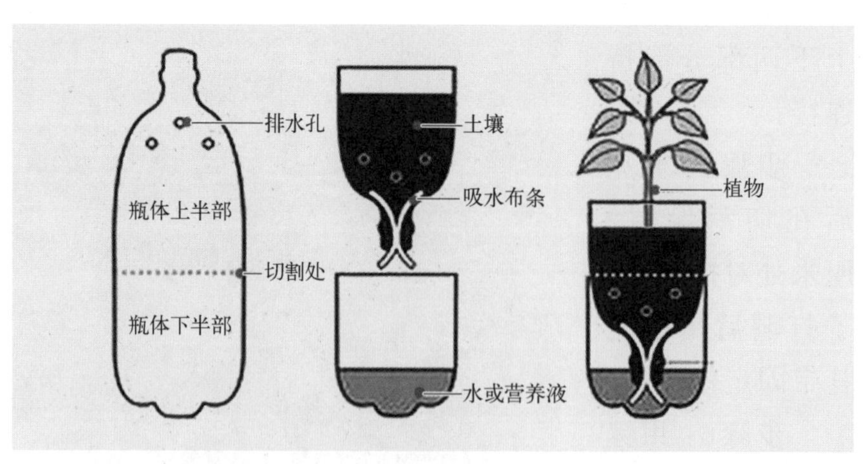

▲ 饮料瓶制作自动吸水型花盆原理图

步骤7：将瓶体上半部瓶口朝下插入瓶体下半部；

自动浇水植物

步骤8：向瓶口部分填入营养土，并种上植物；

步骤9：瓶底部分盛水，水位不要没过瓶口。

这款设计非常实用，用可乐瓶来养花不仅可以作为花盆容器，还能实现自动浇水的功能，热爱生活、喜欢花花草草的人们赶紧抛弃费钱的花盆，让我们的绿色生活再低碳一些吧！

植物的播种

播种就是播撒种子。不管是种花还是种菜,从种子开始培育植物需要多花费一些手工劳动和时间,好处在于可以参与园艺植物生长培育的全过程。

家庭园艺播种方法

播种常用工具

镊子1把、大土铲、小土铲、土耙子三件套、移苗器两件套、育苗盒三件套、园艺播种器1个、锉刀1把、直尺1把、记号笔1支、美工刀1把、剪刀1把。

▼ 播种常用工具

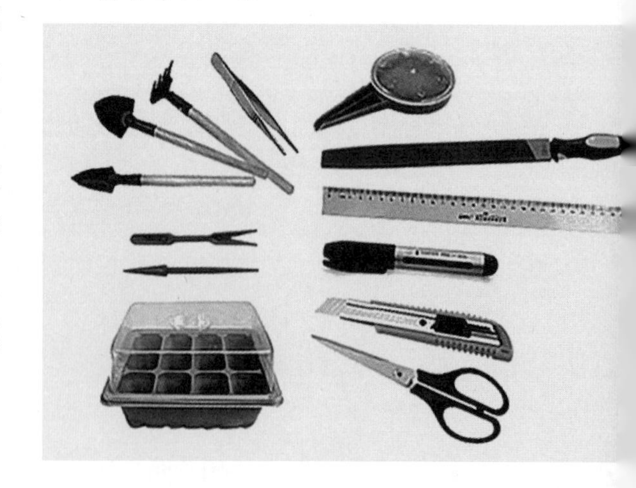

播种容器准备

步骤1：挑选4～5升容量的饮料瓶，把瓶子外商标去掉；

步骤2：用记号笔和直尺画好切割线；

步骤3：用美工刀和剪刀按切割线作业；

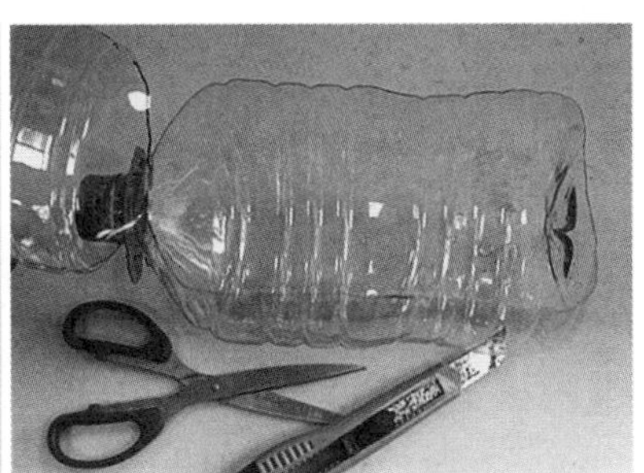

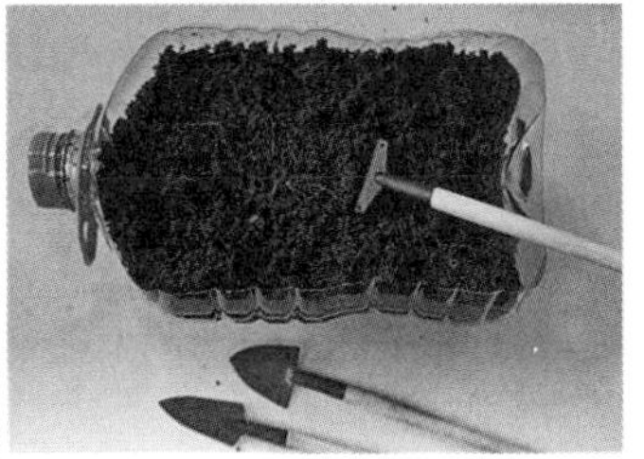

播种容器的准备

步骤4：在育苗容器底部打排水孔，并垫上盆底网；

步骤5：把播种用土放入横卧的育苗容器内，放入土的厚度不得低于5厘米；

步骤6：用土铲、土耙把土壤耙松、耙平。

种子准备工作

园艺超市有各种花卉和蔬菜的小包装种子出售。

1. 种子的好坏区分

1包种子中有很多颗种子，其中有皱纹的、没长全的、颜色不一样的通常认为是坏种子，应该挑出来扔掉。而放

入水中会沉下去的通常被认为是好种子。

2. 种子的催芽

对于皮厚不易发芽的种子，只要在清水中浸泡1天，然后用湿润的纸包住放置几天即可发芽。只要种子上有一小点芽，就可以放到育苗容器内育苗。

播种方法

1. 撒播

适合用于直径1毫米以下的小种子，比如菠菜、樱桃萝卜等。

首先，把植物种子捏在手里或播种器中，撒播在育苗容器内土壤的表面。

其次，在撒播种子后的土壤表面，覆盖一层1厘米厚的土壤，适当压实。

2. 点播

适合用于培育植株和植株间距离大的植物，比如萝卜、白菜、黄瓜等。

首先，用手指在土壤上捅出用来播种的穴。深度以第一指关节为宜，约2厘米。

撒播

点播

其次，每个穴中用手或播种器播3～4粒种子。

最后，把点播种子后的穴，用土填满，适当压实。

条播

3. 条播

适合用于直径1～2毫米的种子，比如胡萝卜、青菜等。

首先，用土铲或硬纸划出0.5～1厘米深的土沟。

其次，把纸对折，把种子放在纸上或播种器内，沿着土沟把种子均匀地撒入沟中，不要堆积起来。

最后，把条播种子后的土沟，用土填满，适当压实。

播种后的处理工作

步骤1：分多次向育苗容器的土壤少量浇水。

步骤2：为了防止土壤干燥，在育苗容器外包上一层湿毛巾，经常洒水，保持育苗容器内的湿度，便于种子萌发。

步骤3：发芽后，用镊子挑去瘦弱的幼苗，保留健壮的幼苗。

步骤4：用移苗器把长出真叶的壮苗从育苗容器移至栽培容器培养。

育苗盒育苗

园艺超市有各种小型家用园艺育苗盒出售。一般育苗

盒由盒盖、穴盘和底盒组成，使用育苗盒进行播种，省时省力，操作起来也非常方便。透明的盒盖能起到保温、保湿的作用，同时还能清晰看到小苗的生长过程，可以多个叠在一起节省空间。

使用方法

步骤1：在穴盘内装入播种土。
步骤2：在播种土表面撒上植物种子。
步骤3：在种子上覆盖一层薄土。
步骤4：把穴盘放入底盒，洒水、盖上盒盖。

使用提示

1. 播种之后可以盖上透明盒盖，由于水分蒸发少，一般一周都不用浇水。

2. 种子发芽之后要及时打开透明盒盖，加强通风，降低湿度，有利于小苗的防病抗病等。

3. 育苗盒可多次使用。

▲ 育苗盒

常见园艺蔬菜播种时间

表3　常见园艺蔬菜播种时间

难易程度	品　种	播　种　期
适合初学者	樱桃萝卜	全年可种
	生菜	春播：1～3月；秋播：8～12月
	葱	全年可种
在厨房培育	豆芽	室内全年可种
在几乎一整天都有日照的阳台培育	黄瓜	10月～次年2月
	茄子	11月～次年1月
	青菜	全年可种
	空心菜	4～10月
	芹菜	8～12月
在有半天日照的阳台培育	茼蒿	春播：3～4月；秋播：8～9月；冬播：11月～次年2月
	菠菜	全年可种

自动浇水器的安装和使用

自动浇水器又叫懒人浇水器，园艺超市这类商品很多，这里介绍两款价格便宜、结构简单、操作方便的自动浇水器。

陶瓷渗水器

陶瓷渗水器由陶瓷头子和塑料吸水管两部分组成。陶瓷渗水器完全依赖于陶瓷头子的渗水性能进行自动排水，如果土壤过干，它就会向土壤自动渗水，陶瓷头子内因向外渗水产生负压又从储水容器里吸水；如果土壤过湿，它

▼ 陶瓷渗水器

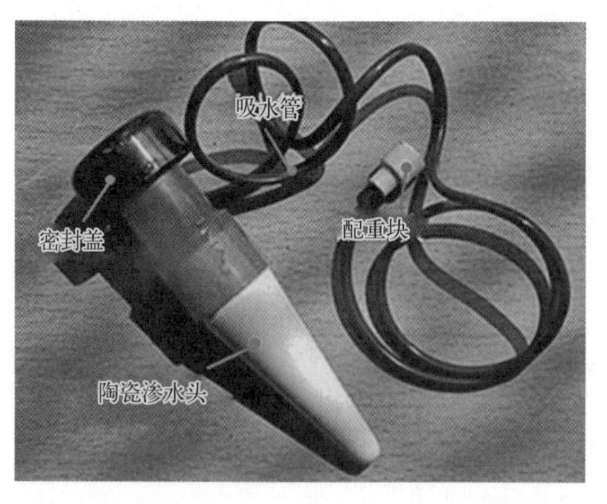

会自动停止向土壤渗水，保持植物生长所需的适当湿润。

利用陶瓷渗水的植物

使用方法

1. 打开陶瓷渗水器的绿色密封盖，取下塑料吸水管。

2. 把陶瓷渗水头子放入水中浸泡15分钟以上。

3. 将准备好的储水容器（例如矿泉水瓶、杯子、玻璃瓶等）灌满水。

4. 将浸泡好的陶瓷渗水头子灌满水；塑料吸水管里也要注满水，不能有空气，然后盖紧绿色密封盖。

5. 将塑料吸水管带配重块的另一端放入储水容器的水中。

6. 最后将陶瓷渗水头子整体插入花盆土壤即可。

使用提示

1. 储水容器水面低于陶瓷渗水头子的绿色塑料密封盖的高度，使用效果更好。若储水容器水面高于陶瓷渗水头子的绿色塑料密封盖，水可能会浇多甚至溢出。

2. 一个陶瓷渗水器只能管理一盆植物的湿度，而且这盆植物容器的直径不能超过20厘米。植物容器直径每增加5厘米，就要增加1只陶瓷渗水器。

3. 应及时补充储水容器中的水量。在外出或没时间每

天浇花时，只需在花盆边上放个缸，缸里装满水，它就可以自动浇灌花草。比如可以测试3天需要多少水，由此计算出每天的需水量，再算出总需水量。

4. 可以在储水容器中加入水溶性肥料，按比例兑水，这样也减少了施肥的烦恼。

解决以下问题

1. 吸不上水

吸水管里没有灌水，吸水管里一定要充满水，不能有空气。

2. 渗水速度太慢

可以将储水容器放得高些，这样渗水速度会快一些。

3. 渗水速度太快

储水容器容量太小，渗水太快，导致很快就没水。可以增大储水容器，或者降低储水容器高度。

塑料滴水器（甲型）

塑料滴水器（甲型）由滴水阀和插杆组成，可以适用500～600毫升容量的饮料瓶。根据植物种植的实际情况，最少自动浇水量可控制在每分钟1滴，即每天100毫升，保持植物生长所需的适当湿润。

使用方法

1. 选择合适的饮料瓶，但要注意不能用矿泉水瓶子。

2. 把饮料瓶洗净，灌满自来水，待用。

3. 把滴水阀插入插杆的孔内。

4. 把安装好滴水阀的插杆拧在装满自来水的饮料瓶口上。

5. 把饮料瓶倒过来，插杆向下插入盆土里。

6. 把滴水阀关紧。

7. 把饮料瓶底部钻个孔或切个口子。

8. 慢慢拧松滴水阀，调整滴水速度。

塑料滴水器（乙型）

塑料滴水器由滴水盘和插杆组成，可以适用500～2 000毫升容量的饮料瓶。根据植物种植的实际情况，可人为控制在每天150～400毫升的自动浇水，保持植物生长所需的适当湿润。

塑料滴水器（乙型）

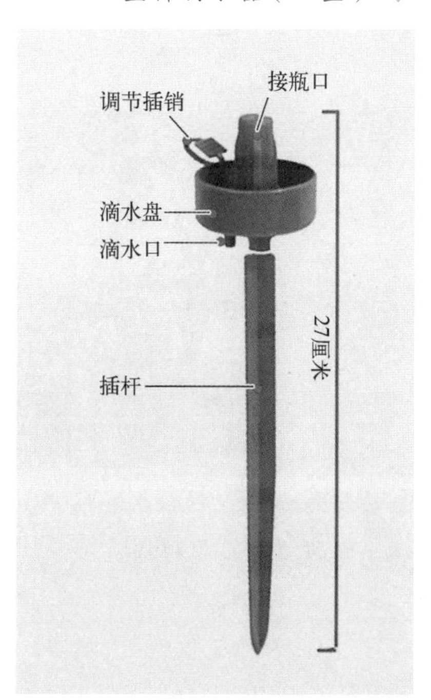

使用方法

1. 用剪刀剪下滴水盘上的调节插销。

2. 把调节插销插入滴水口的流量档位中，滴水口分四个出水槽，可在每天150～400毫升之间调整出水速度。

3. 把灌满水的饮料瓶扣在滴水盘的接瓶口上。

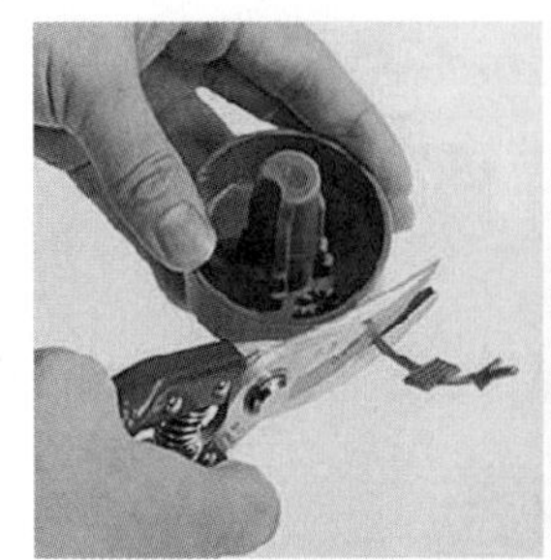
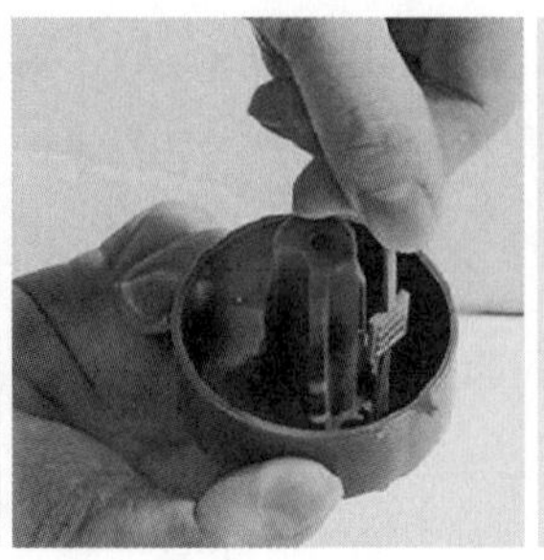

▲ 塑料消水器(乙型)使用法

4. 把滴水盘、饮料瓶和插杆连接牢靠,整体插入植物种植容器的土壤中。

使用提示

1. 滴水器在使用时,植物种植容器的土壤厚度不得低于10厘米,以防出现滴水器固定不住的情况。

2. 滴水器接瓶口以可乐瓶口大小最为合适,大口径的饮料瓶不合适。

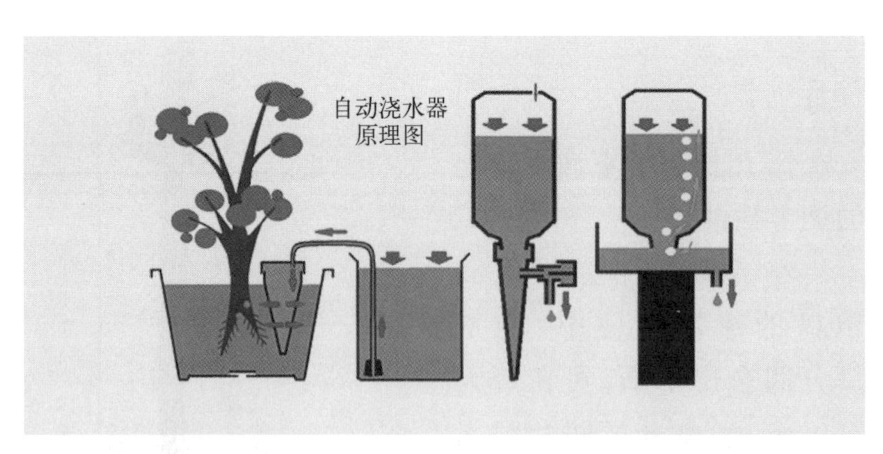

▲ 自动浇水器原理图

植物生长补光灯的制作

LED植物补光灯线路图

这是一个由20个LED红光灯管、3个LED蓝光灯管组成的最基本的LED植物补光灯，红蓝光配比为20 ∶ 3。

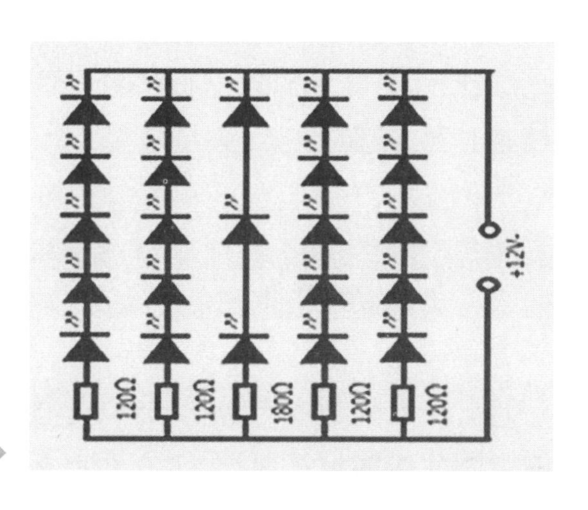

线路图

工具及套材

需要电烙铁1把、剪刀1把、螺丝刀1把、电烙铁支架1个、焊锡丝适量。

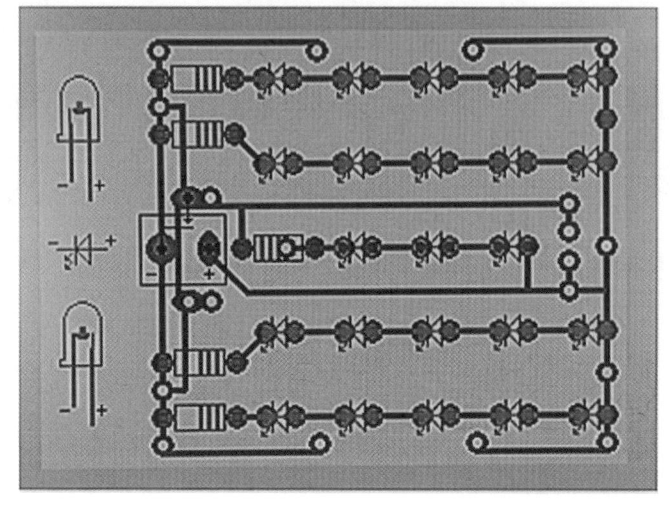

LED植物生长补光灯电路板元件安装参考图

此套材由上海老年大学科技分校开发，元件包括：120Ω电阻4个、180Ω电阻1个、印刷线路板1块、LED红光灯管20个、LED蓝光灯管3个、灯管塑料垫圈23个、电源插座1个、直流12伏1安培电源1个。

元件安装与制作

一个元件的安装包括插件、焊接、剪脚三个步骤。元件的引脚从线路板正面插入，在线路板反面焊接，最后剪去多余的引脚。

元件安装步骤

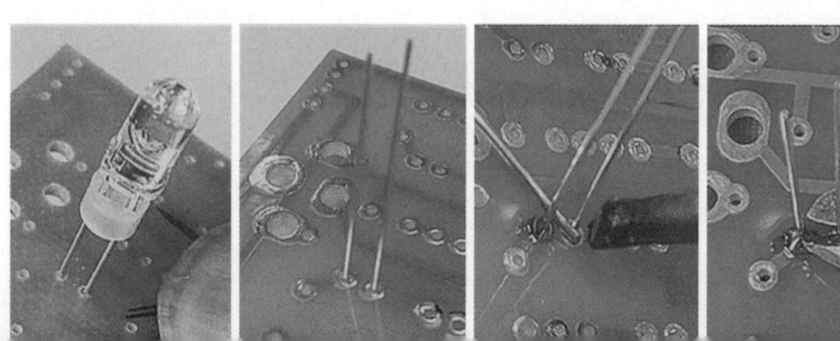

制作流程

步骤1：安装180Ω电阻1个。

步骤2：安装120Ω电阻4个。

步骤3：安装LED蓝光灯管3个，安装前先套上灯管塑料垫圈，正负极不得接错。

步骤4：安装LED红光灯管20个，5个一批，分4批安装，安装前先套上灯管塑料垫圈，正负极不能接错。

步骤5：安装电源插座1个。

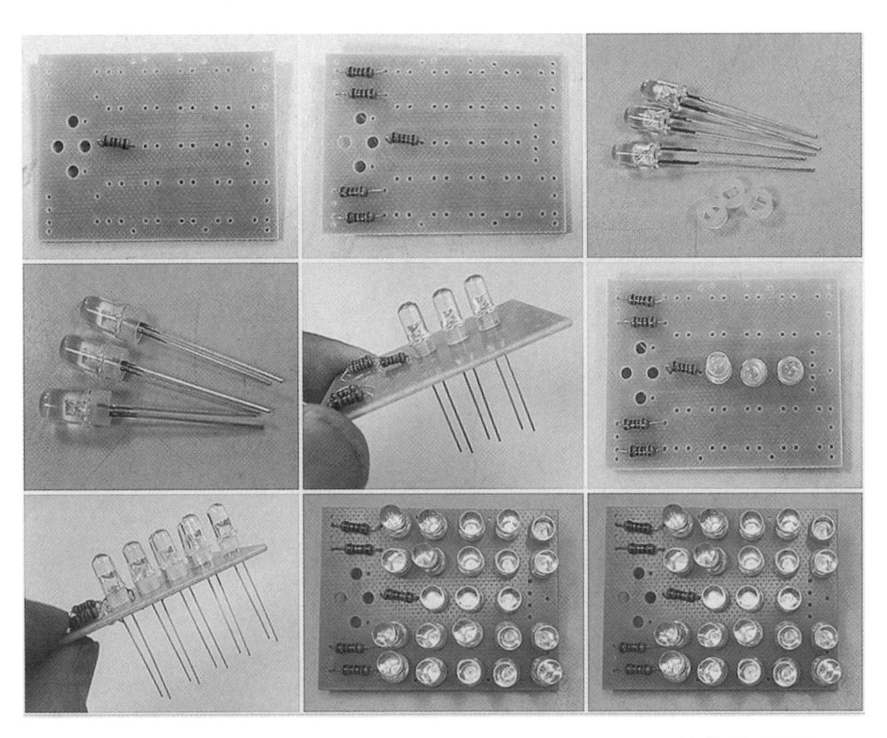

制作流程图 ▲

制作完成

如果元件安装无误，焊接也没有虚焊，焊接点之间没有

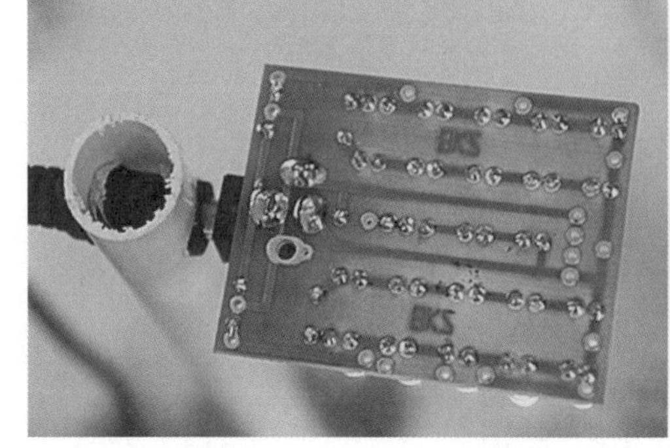
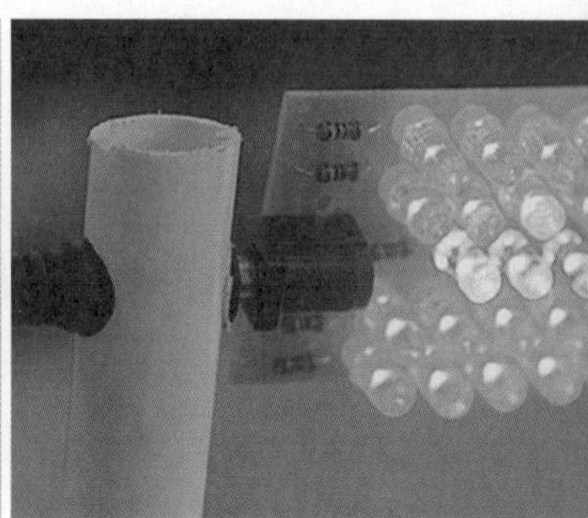

▲ LED植物生长补光灯制作完成

焊锡短路，接上直流12伏电源，23个LED灯管同时点亮，补光灯就制作完成了。

芽苗培育

芽苗菜俗称“芽菜”“活体蔬菜”，一般是指用谷类、豆类植物种子在一定条件下培育出可供食用的嫩芽、芽苗类蔬菜。随着生活水平的提高和饮食习惯的改变，这类绿色食品深受喜爱，人们已不仅仅满足于蔬菜的供应数量，而且更关注蔬菜的外观、品质及食用安全性等质量指标。芽苗菜作为富含营养、优质、无污染的保健绿色食品而受到广大消费者青睐。因此，芽苗菜也成为一类很受欢迎的家庭园艺项目。

豆芽的概念

传统的豆芽是指黄豆芽，后来市场上逐渐开发出绿豆芽、黑豆芽，豌豆芽、蚕豆芽等新品种。

黄豆芽

人们提倡食用黄豆芽，是因为黄豆芽的蛋白质利用率

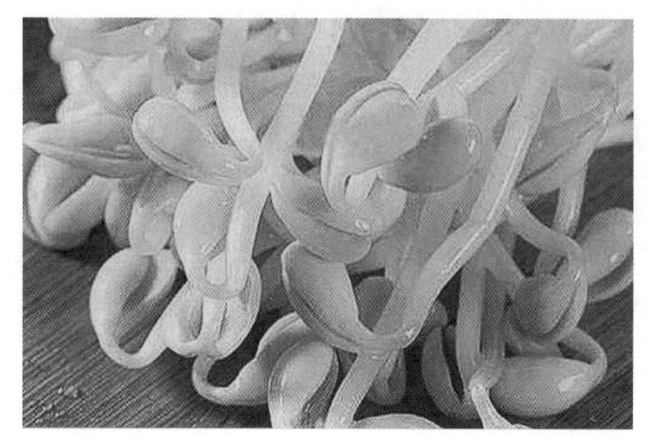

▲ 黄豆芽

比黄豆要提高10%左右。另外，黄豆中含有的棉籽糖等物质，在发芽过程中全部消失，这就避免了吃黄豆后腹胀现象的发生。黄豆在发芽过程中，酶使更多的钙、磷、铁、锌等矿物质元素被释放出来，增加了黄豆中矿物质的人体利用率。

绿豆芽

传说第二次世界大战期间，美国海军因无意中吃了受潮发芽的绿豆，竟然治愈了困扰全军多日的坏血病，这就是因为豆芽中含有丰富的维生素C的缘故。中医认为，绿豆芽其性凉、味甘无毒，能清暑热、调五脏、解诸毒、利尿除湿，可用于饮酒过度、湿热郁滞、食少体倦。高血压和冠心病患者，夏季可常食素炒绿豆芽。绿豆芽含有膳食纤维，若与韭菜同炒或凉拌，用于老年便秘，既安全又有良效。

豆芽培育环节

选择豆种

培育豆芽菜应尽量选用当年生或隔年生、完全成熟的新鲜豆种，同时力求颗粒饱满、色泽鲜艳、不受机械损伤及病虫危害。

浸种处理

促进种子发芽，1千克绿豆或黄豆约需1千克水。冬天浸种时，一般用温水浸泡，夏天可以用冷水直接浸种，豆粒浸种时间一般需12小时。

育芽温度

黄豆和绿豆的种子都属于喜温、耐热的蔬菜作物种子，其豆种发芽时的最低温度为10℃，最适宜温度为21～27℃，最高温度为28～30℃。

淋水催芽

育芽时的淋水方法是：要求每次淋水时水量要多，将整个容器内的豆芽菜普遍淋透，务必使整个容器中各部分芽菜的热度调节均匀。

适时采收

采收最适合在豆芽菜生长发育至胚茎充分伸长，而真叶将露或始露时为最佳。此时，每千克绿豆可产7～8千克绿豆芽，每千克黄豆可产4～5千克黄豆芽。

育苗盘

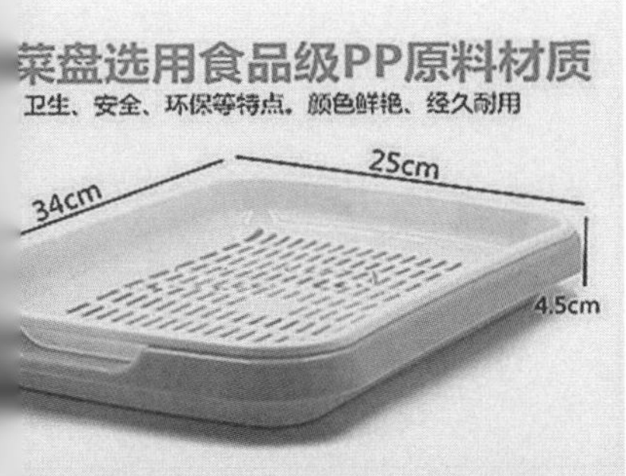

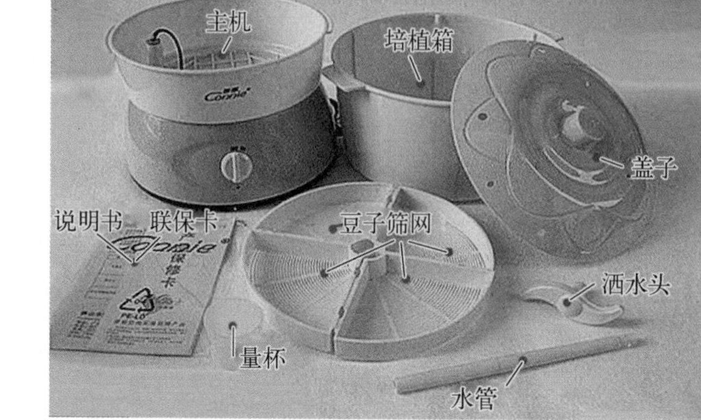

家庭自动育苗器

市场上有各种各样的简易型和自动型的芽苗培育工具出售,可供园艺爱好者选择。

家庭简便发绿豆芽法

不少人担心市场上卖的豆芽可能用化学方法催发的,吃了对身体不好。这里介绍一种发绿豆芽的简易方法,一周内肯定发好,发出来的豆芽比超市的还要粗,吃起来还要脆。

材料

绿豆、4～5升塑料饮料瓶、接水容器、遮光的黑色垃圾袋。

步骤

1. 把绿豆泡24个小时左右,直到小芽钻出绿豆皮,准备发豆芽。

2. 在饮料瓶底钻几个孔，大小以绿豆刚好掉不出来为宜，把瓶口锥形的部分剪掉，方便瓶内通风和倒水。

自然生长的绿豆芽

3. 把泡好的绿豆放入瓶内，约是瓶高的1/5，给豆芽一个生长的空间。

4. 给瓶子准备一只黑色垃圾袋，一定要不透光，透了光的豆芽会发红而腐烂。这一点很关键，要特别注意这一细节。

5. 每天尽量早中晚浇3次水，偶尔漏掉一次也可以，每次浇水浇透，以水浸没瓶中豆芽为宜。每次浇水后都要套上黑色垃圾袋，不能透光。

用这种简易方法培育出的豆芽又粗又长，一点不比超市的豆芽差，这是真正自然生长的豆芽。

自制“土”肥料

在日常生活中，有很多厨房和庭园的废弃物可以用来自制肥料，既解决了家庭园艺种植的肥料问题，又减少了家庭湿垃圾的排放。之所以说它是“土”肥料，是因为它很“肥”，制作方法又很“土”。

肥力最强的荤性“土”肥料

荤性“土”肥料在发酵过程中的气体鼓胀最厉害，如果用容器沤肥，千万要当心气体鼓胀导致的危险。因味道恶臭、家庭沤肥和施肥不当而引起邻居纠纷的案例也时有发生，当然肥料发酵彻底成熟，臭味也就消失了。

土坑堆肥

步骤1：选适当地点挖一土坑，深50厘米，垫10厘米炉灰末。

步骤2：将禽畜内脏、鱼鳞、蛋壳、肉类废弃物以及碎骨等物，放入坑内。

步骤3：洒一些杀虫剂，上面盖一层约10厘米厚园土，坑内保持湿润，以促进肥料腐熟。

步骤4：堆肥最好选择在秋冬季堆制，经春季升温腐熟无恶臭气体时，即可拌入培养土中作基肥。

步骤5：用4～5毫米筛子趁湿过筛搓成团粒，细的作为追肥，粗的作为基肥。

油桶沤肥

步骤1：把淡水鱼杂放在5升油桶里，放到2/3的位置。

步骤2：加水至油桶里面留5厘米空间，盖子拧上，不要拧紧，留些空隙放气。

步骤3：扔在室外或屋顶自然发酵，从初春沤到初冬。

步骤4：再找一只5升油桶，把原来桶里上半部的肥水倒在新桶里。

步骤5：把两个桶都加满水，里面还是各保留5厘米空间，将盖子拧一半继续发酵一年。

步骤6：两瓶肥沤制作成功，倒出来兑水稀释后使用，没有一点臭味。

肥力一般的素性“土”肥料

素性“土”肥料的材料是全素的，不得有任何荤性和油性材料。将择出的烂菜叶、削下来的果皮等放入小缸里面，经过密封高温发酵三个月即可使用。

容器沤肥

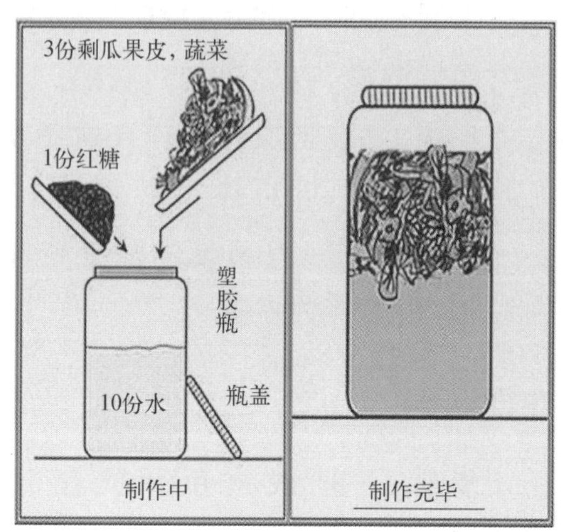

容器沤肥

步骤1：材料比是3份植物垃圾、1份红糖、10份水。

步骤2：将有盖子的塑胶容器装六成的自来水，将红糖倒入水中，轻轻搅匀融化。

步骤3：将蔬果厨余垃圾放进糖水中，轻轻搅匀。务必使所有蔬果厨余都浸于水中。容器内留一些空间，以防止酵素发酵时溢出容器外。

步骤4：将塑胶瓶盖旋紧，并于瓶身注明日期，置于阴凉、通风之处。

步骤5：制作过程中的第一个月会有气体产生，每天将瓶盖旋松一次，并立刻关紧，释出因发酵而膨胀的气体就好。一个月之后应该就不会再产生膨胀的气体。

步骤6：放置三个月以上就能使用，经发酵后形成的棕色液体，稀释100倍可作种植、栽培花草和水果的肥料。

步骤7：素性“土”肥料的渣可以晒干后搅碎作肥料。

肥力较弱的土壤“土”肥料

人类干预较少的自然植被环境，因环境中的元素还原，土壤中的自然营养成分也很丰富。

土壤肥料

土壤浸出肥的步骤

1. 在家居附近一些树林等落叶腐败多的区域，找一块可以挖土的地方。

2. 用铲子把地上10～15厘米的厚土挖起来，放到盆子里，土越多越好。

3. 把盆子放到水龙头下，灌满水，用木棍在水盆里搅拌5～10分钟。

4. 静置30分钟左右，水会有点浑浊，此时营养是最好的，也可继续放着沉淀。

5. 等到水清澈时，就可以把上清液从水盆里倒出来，用于浇灌植物。

厨余发酵堆肥桶

沤肥产品介绍

园艺超市有各种制作肥料的工具出售。

厨余垃圾堆肥桶

室内12升小容量堆肥器，在EM波卡西菌糠的催化条件下，经过厌氧发酵腐熟，将废弃物分解成增强土壤肥力的肥料。

堆肥器

室外庭院440升大容量堆肥器，在高温多湿的条件下，经过有氧发酵腐熟，将废弃物分解成带有肥料的土壤。

自制植物小暖箱

在冬天，植物常常因保护不当而导致过早受冻枯萎。为此，可以专为喜湿热的植物设计一个家庭植物温室，让它们得到很好的保暖，接受充足阳光，当然，透明的保温材料也不应影响观赏。

废弃镜框变温室

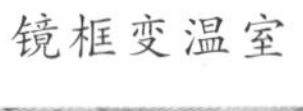
镜框变温室

几小时的简单工作，旧相框就可为家里增添一个维多利亚式的室内小花园。

制作材料和工具

大中小不等的旧相框、螺丝

刀、3毫米木螺丝、手电钻和直径2.5毫米的木钻头、手工锯、胶合板或塑料板、AB强力胶、小罐白色喷漆。

操作过程

1. 从旧相框上拆掉玻璃，轻轻打磨一下相框表面。

2. 将大中相框用螺丝固定在一起，在相框连接的地方先用手电钻打两个孔，钻入螺丝钉。分别将四个相框连接好，成为温室主体。

3. 将4个小相框组合装在一起，做成温室屋脊。在屋脊夹角处用三角形夹板固定。

4. 将做好的房顶与装好的温室主体装配在一起，这两部分的重要连接处用固定夹板固定好。

5. 将锯好的胶合板或塑料板固定在温室架子上，从房架里面用木螺丝或AB强力胶固定牢。

6. 用小罐白色喷漆将小温室正反面都喷成白色。

7. 将玻璃板从屋架下方装入温室箱，四周用AB强力胶在玻璃板缝隙处固定。

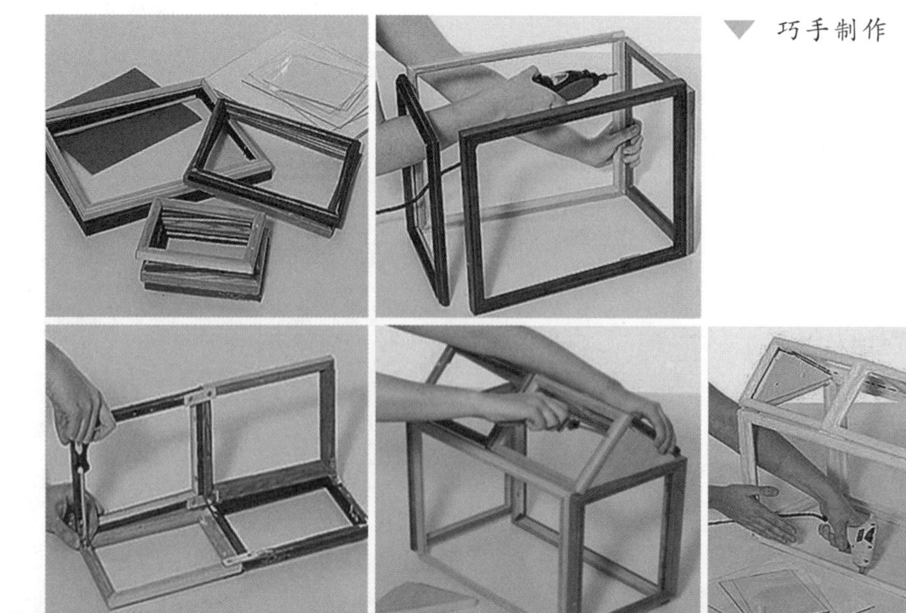

▼ 巧手制作

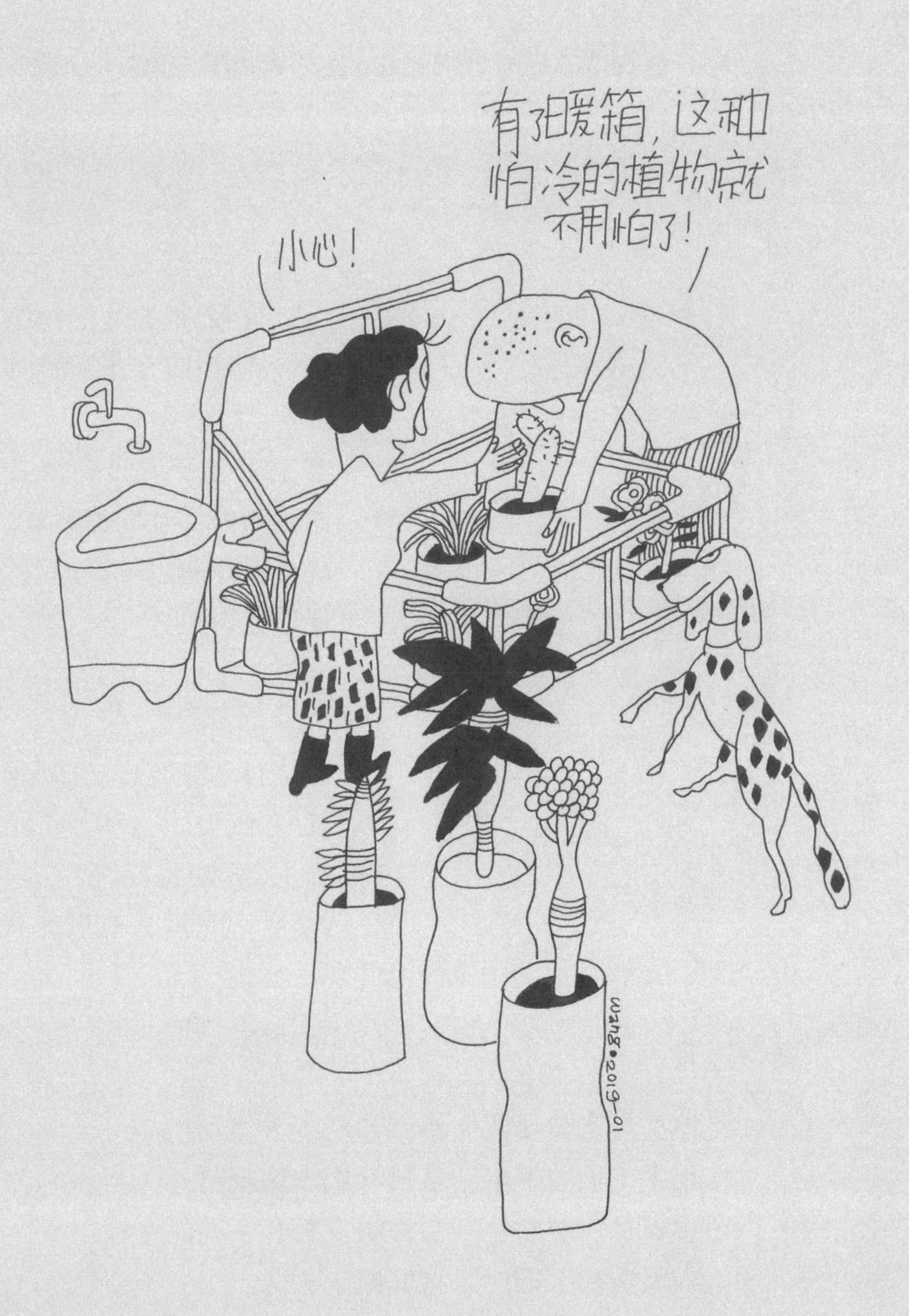
小心！
有了暖箱，这种
怕冷的植物就
不用怕了！
wang•2019-01

8. 将植物放入做好的温室中,将其放在阳光充足的地方。

自制多肉植物袖珍温室

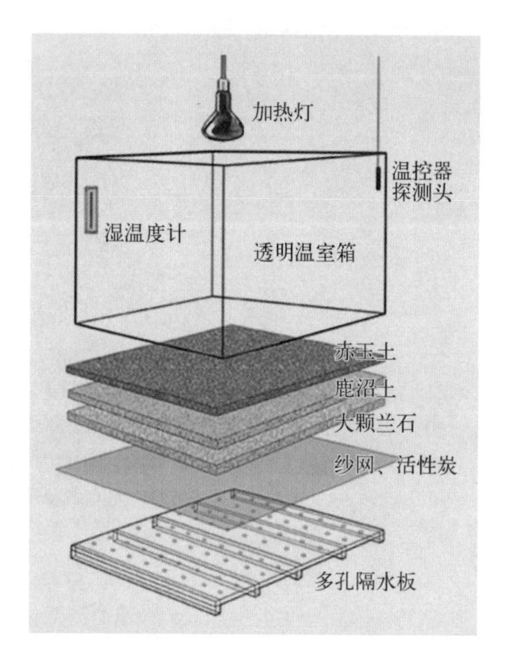

▲ 多肉袖珍温室

想要让多肉植物长得饱满健壮,冬天可设计一个“袖珍小温室”。在温室箱安装由自动温控器控制的红外线加热灯,既可以照明也可以加温,促进植物生长。

制作材料和工具

自动温控器、红外线灯泡、气温计、鹿沼土、赤玉土、大颗兰石(轻石)、纱网(盆底网)、有机玻璃板、有机玻璃贴合剂、手工锯和手电钻。

操作过程

1. 根据自己需要的大小设计施工方案。
2. 用手工锯和手电钻裁切有机玻璃板材。
3. 用有机玻璃贴合剂制作温室箱和多孔隔水板。
4. 在隔水板上铺一张盆底网。
5. 依次铺上2厘米厚的大颗轻石、2厘米厚的鹿沼土、2厘米厚的赤玉土。

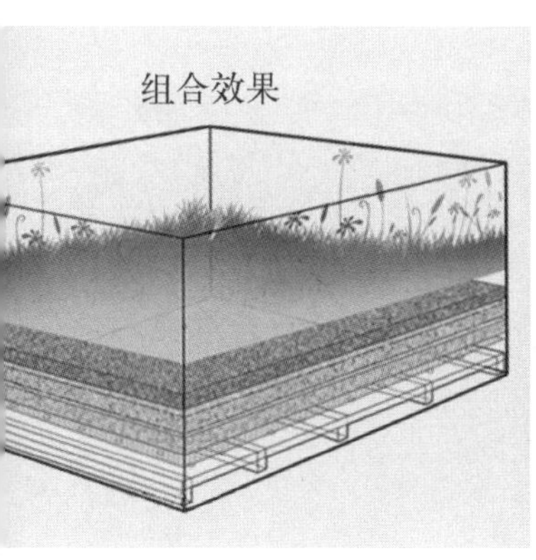

组合效果图

6. 在温室箱体安装自动温控器和气温计。
7. 完成自动温控器和红外线灯泡的连接。
8. 移植多肉植物过冬。

商品家庭小型温室

园艺超市有各种各样的家庭植物温室商品可供选择，挑选一款喜欢的小温室，自己动手安装也是一项很有趣的挑战。

迷你隧道暖房

▼ 钢丝微型暖房

▲ 庭园新颖暖房

自制阳台园艺种植设施

对于食材，大家都很上心，总担心市售蔬菜可能有农药和化肥残留，哪有自己种的吃起来放心呢？这里介绍几种阳台种植设施的制作方法，种菜种花都可以。不需经常看管，而且性价比很高。

竖型种植架

制作材料和工具

直径大于16厘米的聚氯乙烯（PVC）排水管（建材或五金超市有售）、封盖、手工锯、直尺、记号笔、电吹风。

操作过程

1. 取长度100厘米的PVC管。

2. 在PVC管体外每隔10厘米沿周长画一道横线，每道周长线分三等分，画出三个10厘米的切割线。

3. 用手工锯在每个切割线上锯开10厘米的口子，共27

▲ 竖型种植架

个口子。

4. 锯口上端用电吹风高温烤一下，PVC材料局部受热会发软。

5. 趁热拿个小工具把锯口上端往下压，使锯口上端和下端之间形成一个植物种植口。千万不要直接用手压，以防烫伤。

6. 27个植物种植口全部烫好，管体底部装上封盖。

7. 从管体顶端放入种植土壤，就可以在种植口移植植物幼苗了。

横型种植架

制作材料和工具

两根直径16厘米聚氯乙烯PVC排水管（长短见阳台长度）、2个16厘米的弯头、2个16厘米的三通、1瓶PVC胶水、手电钻和直径50毫米的木钻头。

▼ 横型种植架

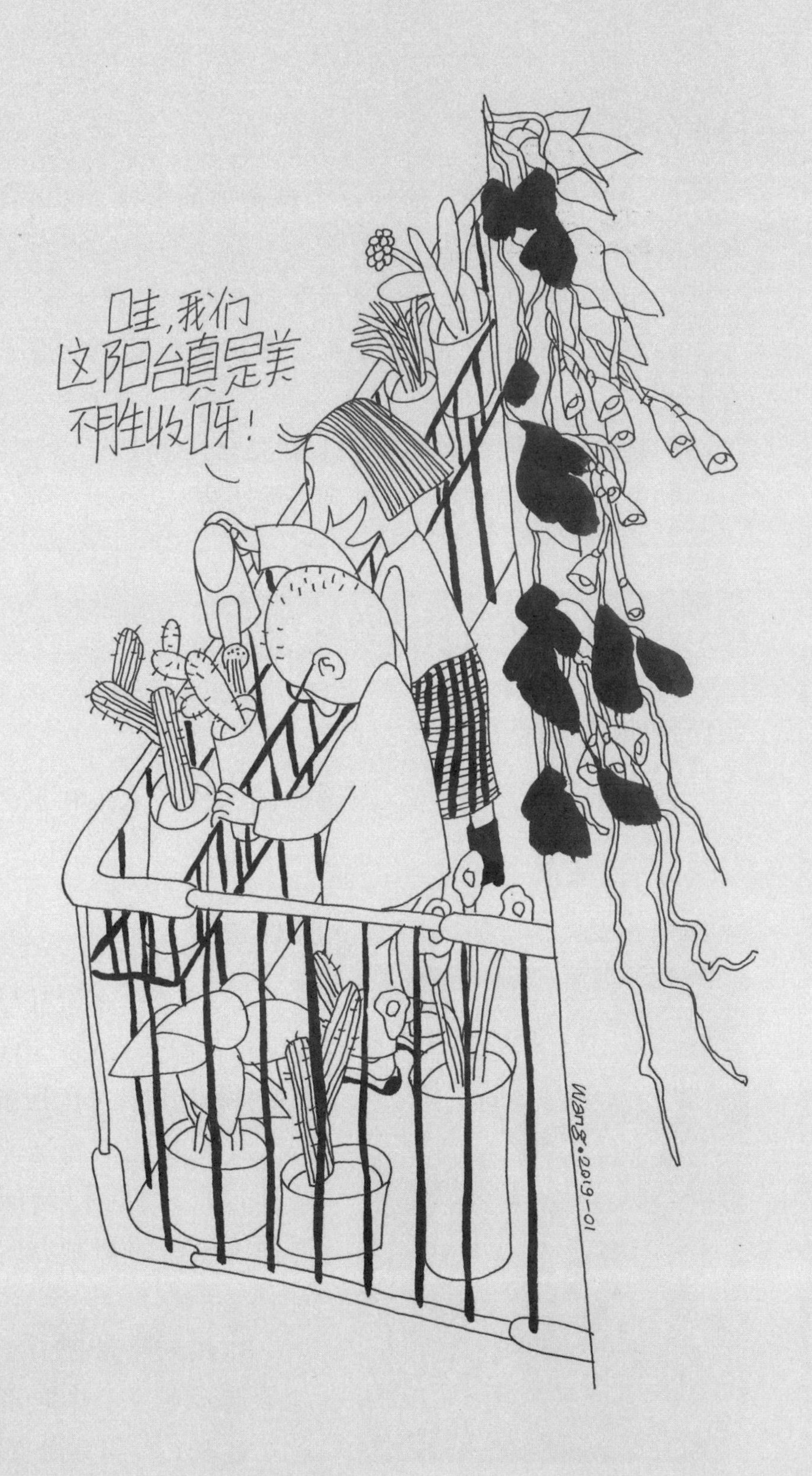
哇，我们
这阳台真是美
不胜收呀！
Wang·2019-01

操作过程

1. 设计施工方案，估计这个种植架的大小，可以种植多少植物。

2. 用手电钻和直径50毫米的木钻头在PVC排水管打洞。

3. 按尺寸把PVC排水管和三通和弯头用PVC胶水粘合牢固。

4. 把粘合牢固的种植架安装在阳台扶手上。

5. 管道内填满种植土，移栽植物幼苗。

立体种植箱

制作材料和工具

美工刀、直尺、记号笔、封箱带、泡沫箱（水果和水产品的包装）。

▼ 立体种植箱

操作过程

1. 用记号笔和直尺在泡沫箱及盖子上按一定间距画好种植槽口尺寸的线条。

2. 用美工刀将泡沫箱按预定尺寸切割，侧面四周种植槽口的切割方向为斜45°。

3. 用封箱带把盖子和盒子连接起来，并把箱子直立起来，面积最小的一面为底面和顶面，在顶部开大的长方形种植口。

4. 从顶部放入种植土，移栽植物幼苗。

家用阳台蔬菜水培机

蔬菜水培机

这种水培机的潮汐式水培方式让植物的根系能较长时间暴露在空气中充分吸氧，促进植物充分吸收养分。报架式的结构占用空间小，适宜安置在阳台、落地窗，成为家居天然氧吧。

它有单面双层8孔水培架配5升水箱、单面四层20孔水培架配10升水箱、单面四层36孔水培架配20升水箱等规格可供选择。

水培架

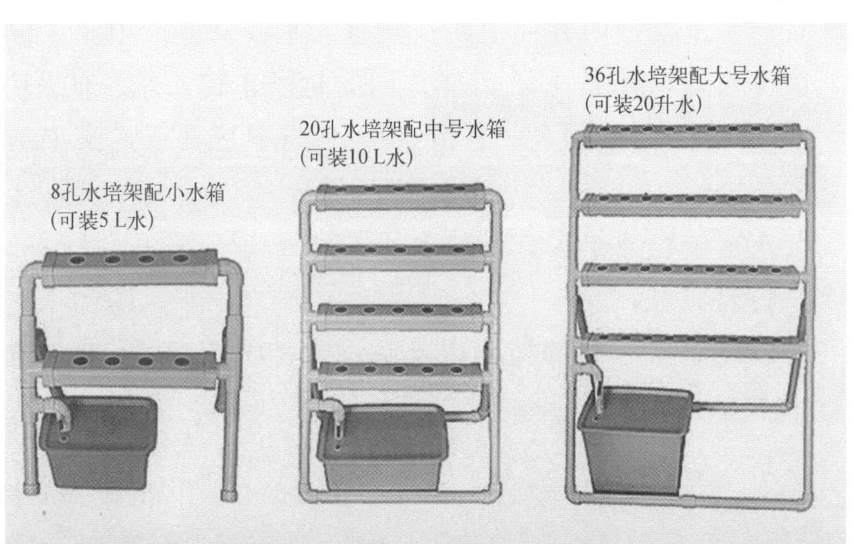

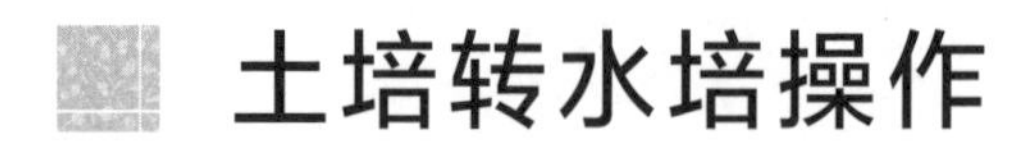

土培转水培操作

目前市场上供应的水培植物以其清洁卫生、格调高雅、观赏性强等优点而得到了养花者的青睐。

也有一些人在家里喜欢养水培植物，因为外出长途旅行时水培植物不至于会缺水旱死。

土培转水培的概念

水培是一种新型的植物栽培方式，其核心是将植物根茎固定于定植篮内并使根系自然垂入水或营养液中。实际上这类水培植物是土培到观赏期的时候才转入水培的，是一种“晚期水培”或称“老苗定植”，绝不是真正意义上的无土栽培。

水培植物的获取有三种途径：

1. 洗根法

即将土栽状态的植物根部的泥土冲洗干净后，直接进行水培。

2. 水插法

即剪取植物枝条，将其首先扦插于水中，待生根后再进行水培。

3. 分株法

即将植物母株基部萌发的芽或小植株，连同根系一起剥取下来，清洗之后进行水培。

水培植物

目前世界各国生产的水培植物无论是品种还是品质都不是很理想。这其中最根本的原因在于水培植物在生长过程中极易受到缺氧胁迫的限制，导致水培植物出现烂根、叶片黄化等生长不良的现象，并且水质随之恶化，进一步影响水培植物的生长及其观赏价值。因此，在水培植物生长过程中解决好水或营养液中氧气供给是最为关键的环节。

土培转水培的操作步骤

器具选择

根据水培植物材料的品种、形态、花色等具体情况，选择能够与该植物品种相互映衬，相得益彰的玻璃瓶、盆、缸等器具，使之使用得体，观之高雅，做到器具植物与居室环境相统一与和谐的观赏效果。

▲ 玻璃器具

脱土方法

土壤栽培是有机营养，而改为水培以后，则彻底改变为无机营养栽培，其土壤中和附着在根系的有机物都要严格清洗干净，以免影响水培植物的正常生长和病虫害的侵染。

洗根方法

把土壤脱落露出全部根系的植株用和环境温度接近的清水中浸泡15～20分钟，再用手轻轻揉洗根部，经过2～3次的换水清洗，直至根部完全无土。有些花卉根系坚硬，盘扭错节，而许多泥土在缝隙之中，必要时可用竹签或螺丝刀挖出。必须做到一点泥土不剩，这是水培成功的重要环节之一，切不可疏忽大意。

▼ 修根后的植物

修根方法

洗净泥土后，可根据植物根系生长情况，适当剪除老根，病根和老叶黄叶。因为水培植物根部同样是观赏的重要部分，所以在整理根系时亦要考虑根部形态的美，对根系修剪后，再在清水中清洗一遍，冲去剪时留下的根毛残渣，以免带入水培器具而造成污染。

装盆和灌液

先将植株置入定植篮中扶正，在根系周围装满小石块。然后将植物根系自然垂入器具中，随即浇入水或营养液。植物的根不能完全泡在水或营养液里面，根系需要有5～10厘米裸露在空气中补充氧气。如果根系全部泡在水或营养液里，根系吸收不了氧气，会因缺氧死亡。

吊兰的土培转水培方法

工具（原料）

吊兰、玻璃瓶、定植篮、小石头、生根粉。

方法（步骤）

1. 轻轻捏吊兰的盆，使土松软，将吊兰脱盆；

2. 把吊兰根周围的土剥落，放到水龙头上冲洗，直到根上没有土为止；

3. 把吊兰底部膨大的根剪掉，摘掉枯叶；

4. 把洗好的吊兰根放在生根粉中泡15分钟；

5. 泡好的吊兰放在塑料定植篮中，用陶粒或小石块固定住；

6. 把固定住吊兰的定植篮放在水培瓶中，灌入水，水面和定植篮底保留2厘米。

▲ 观赏性强的水培植物

水培植物注意事项

1. 玻璃瓶每周更换一次自来水即可，但注重要将自来水放置一段时间再用，以保持和植物根系温度的平稳。

2. 水培植物大都是适合于室内栽培的阴性和中性植物，对光照强度要求不严格，通常喜欢太阳充足，在遮阴下也能正常生长。

3. 植物生长的温度控制在15 ～ 30℃范围内。

4. 水培模式的技术缺陷就是瓶中的水或营养液溶解氧较少，不利于植株的氧气代谢。可采用充气增氧法改善栽培过程中的缺氧问题。

生态瓶的制作

生态瓶可以是园艺中的小小游戏，也可能成为园艺大作。但其中的生态学背景可深厚了。

生态瓶原理

生命长久的瓶中花园

英国退休电气工程师大卫·拉蒂莫1960年把一种鸭跖草栽在10加仑的玻璃瓶子里，12年后又把瓶口紧紧封住，但鸭跖草依然很健康地生长着。2013年，英国广播公司第四电台栏目《花匠提问时间》为

▲ 生态球

这个有53年历史的花瓶和鸭跖草拍了一张照片，并把它赞誉为循环利用自己废物的植物典范。在过去的40年时间里，瓶中鸭跖草完全与外界隔绝，却一直生长茂盛。

生态球是一个全封闭的人工生态系统，一个装在玻璃球中的完整的、独立且自我生存的微型世界。它将科学知识与艺术观赏完美地结合在一起，以最简单、最生动地方式昭示了地球上的动植物以及水资源之间相互依赖的关系。生态球自90年代初问世以来，被人们冠以“科学项目”“世界上最省心的宠物”

▼ 生态球内的生态循环

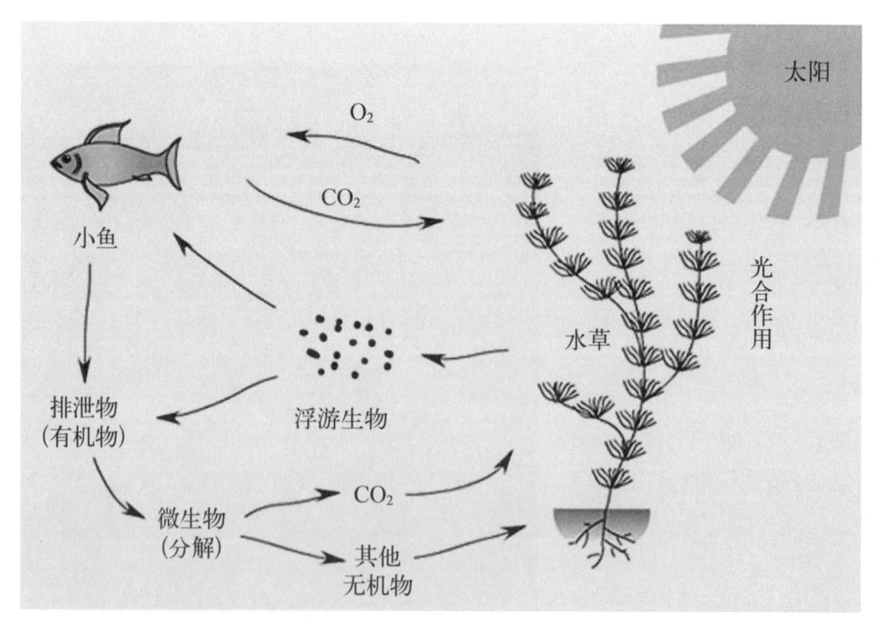

以及“封闭式水族馆”等称号，寓装饰、观赏以及教育性等多重价值于一体，是一个很有趣的家庭园艺游戏。

生态球球内生命唯一需要的是非直射的自然或人工光，不需喂养或清理。生态球内进行的生态循环代表着简化了的地球生态循环：光线及水中的二氧化碳让植物进行光合作用，产生氧气；小鱼小虾吸入氧气，释放出二氧化碳，并以藻类植物及细菌为食物，排出废物；细菌则把小虾的排泄物分解成无机营养物，同时也产生二氧化碳，供植物光合作用使用。因此，生态球内的所有元素，如食物及气体皆可以不间断的循环使用。

简易生态瓶制作

选择废弃的饮料瓶，剥去商品标贴纸，以瓶体光滑少凹

制作生态瓶

凸或无凹凸为宜。

制作工具与材料

带盖饮料瓶（500～600毫升为宜）、小虾、水草、砂子、小土铲、小剪刀、小花盆、绳子。

制作过程

1. 取砂子，用清水漂洗干净。

2. 用小土铲从饮料瓶口加入砂子少量，积在瓶底约2～3厘米厚。

3. 注入约2/3容积的经净水器过滤过的自来水。

4. 用小抄网从瓶口放入2～3只健康的小虾。

5. 用剪刀从水草中剪取两根比饮料瓶稍短的水草，一根长些，一根短些。

6. 把一长一短两根水草的根部用绳子扎住。

7. 把一长一短两根水草从饮料瓶口放进去，根部的绳子留在瓶口外，用瓶盖拧住。

8. 缓慢倒过瓶身，小心别把小虾埋入砂子。

9. 将生态瓶完全倒头后，砂子埋住水草根部。

10. 把瓶体搁在小花盆上。

制作过程 ▶

生态瓶的养护观察

养护观察 ▲

把生态瓶放在有阳光照射的窗台上，观察生态瓶内的变化。

可以多做几个瓶体同样大小，同样水量水质的生态瓶，但是小虾和水草的比例不同，比如2 ∶ 2、3 ∶ 3、2 ∶ 3、3 ∶ 2等，观察哪个生态瓶的生态关系更好些。

第四篇

专业技能

造景·怡情

园艺养生在发达国家较为盛行，被许多养老院所采用。中国传统文化认为园艺是天、地、人合一的养生活动，通过人与土地的接触，配合天时进行的种植活动，获取收成过程带来心灵的满足与喜悦。从事园艺活动有益于健康。20世纪七八十年代，英国和美国都成立了园艺疗法协会，开始确立并普及园艺疗法。2000年我国学者首次提出园艺疗法的概念和功效，并在2015年杭州西溪花卉节召开了园艺养生研讨会，园艺疗法及养生在中国悄然兴起。现在喜欢从事园艺活动的健康人也越来越多。

在家中、办公室的案头摆上一盆花草，劳累疲乏时抬头瞥见那一抹绿色，仿佛跌落到一个简单纯净的童话世界，逃离了城市的钢筋混凝土，逃离那些繁杂与喧嚣，心仿佛也变得惬意而慢下来。园艺让生活慢下来，让那些被欲望和焦虑折磨的都市人回到当下，回到最自然的状态，享受花草的美好视觉、柔软触觉和怡人的味道。

扦插技术

扦插繁殖是植物的无性繁殖，是通过截取一段植株的营养器官（根、茎、叶），插入疏松润湿的土壤或细沙中，利用其再生能力，使之生根抽枝，成为新植株的一种繁殖方式。

多肉植物的枝插和叶插

多肉植物在养护过程中，会收集到许多长得太高的截头和成熟脱落的叶子，这些都是多肉植物繁殖的材料。

材料和工具

育苗盒、蛭石、多菌灵、百菌清、多肉植物的截头和成熟脱落的叶子。

枝插操作过程

步骤1：新切下的茎要在阴凉处晾置一周之后，待伤口

▲ 多肉植物枝插操作过程

充分愈合才能扦插；

步骤2：扦插的容器采用育苗盒三件套，去掉中间的穴盘，只用盒底和盒盖；

步骤3：蛭石铺满盒底，厚度3厘米；

步骤4：在蛭石表面喷上一层薄薄的多菌灵、百菌清等杀菌药剂；

步骤5：将晾置过的茎插入蛭石中；

步骤6：由于已经喷洒杀菌药剂，因此就不必再喷水了。可以直接盖上盖；

步骤7：如果看到盒盖上已经没有水珠或者雾气覆盖，就再少量喷水增加湿度；

步骤8：隔一至两天揭开盒盖一次，透气三五分钟即可；

步骤9：一周至两周之内，植株就可以生根了。

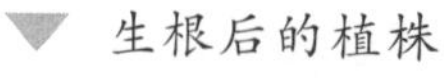

▼ 生根后的植株

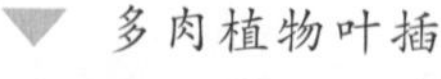

▼ 多肉植物叶插

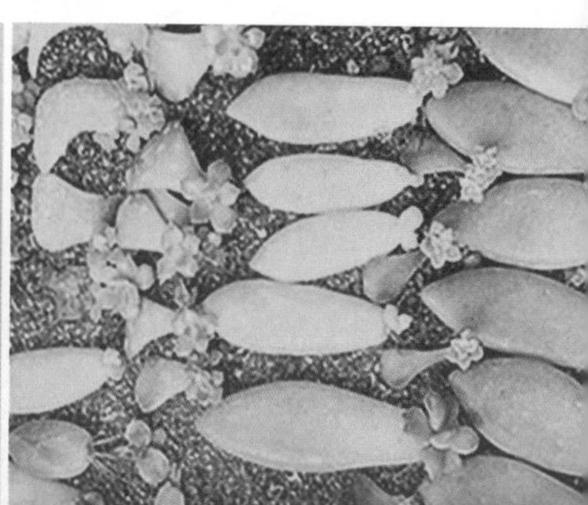

叶插操作过程

步骤1：新切下的叶要在阴凉处晾置一周之后，待伤口充分愈合才能扦插；

步骤2：蛭石铺满盒底，厚度2厘米；

步骤3：叶片就铺在蛭石表面，盖上盖即可。

月季的芽插和枝插

很多园艺爱好者在修剪月季花枝的时候会将剪下的枝条和花芽丢掉，殊不知这些材料都是可以用来扦插的。因为芽是枝或花的雏体，芽插的实质也是枝插。

材料和工具

健康饱满的月季花枝、百菌清、蛭石、珍珠岩、保护膜、喷雾器、剪刀。

芽插操作过程

月季

步骤1：选择健康饱满的芽点，从植株花枝上摘下或用锋利的刀具割下即可；

步骤2：剪掉重叠的叶子，保留最里面一小对叶

即可；

步骤3：将芽点投入稀释2 000倍的百菌清内消毒10秒钟；

步骤4：准备蛭石珍珠岩基质，比例为2 ∶ 1；

步骤5：将芽点埋入基质1/3即可，用喷雾器对芽点插入点喷湿；

步骤6：覆盖保护膜后，置黑暗环境中，大约7天后即长出愈合组织；

步骤7：一周后白天打开防护膜通风，晚上继续覆盖保护膜，15天左右就可生根。

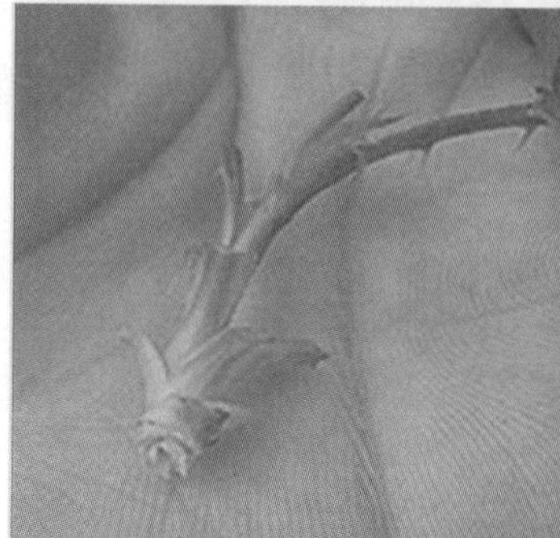

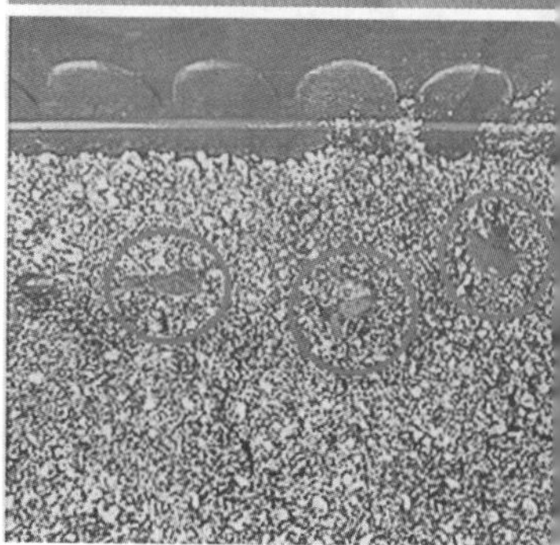

▲ 月季芽插操作过程

枝插操作过程

步骤1：准备插条，把月季健康的枝条截成5～10厘米不等的小段；

▼ 月季枝插

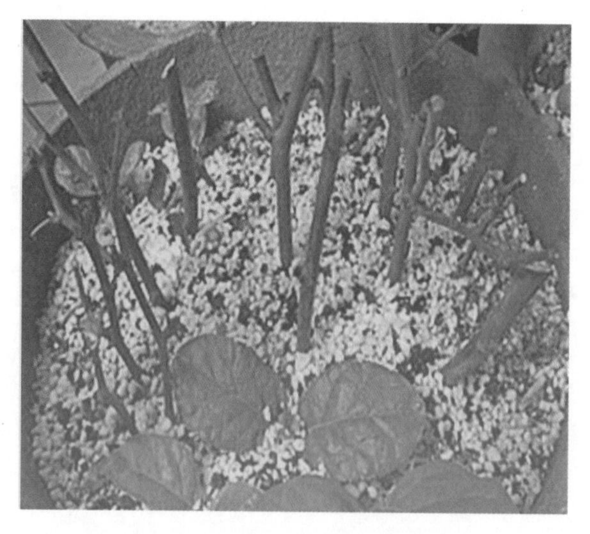

步骤2：将插条基部浸泡在每升200毫克浓度的ABT生根粉溶液中1小时；

步骤3：把插条插入基质中，插时注意插条的上下不可颠倒；

步骤4：在扦插的容器上覆盖

玻璃板或塑料薄膜，以保持温度和湿度。

扦插

插条促根处理

为促使插条生根，还有一些简便经济的方法处理插条。

方法一：将插条基部2厘米浸入每升100毫克浓度的萘乙酸溶液中，24小时后取出扦插；

方法二：将插条基部2厘米浸入浓度为0.5%的高锰酸钾溶液中，24小时后取出扦插；

方法三：将插条基部2厘米浸入浓度为5%的白糖水溶液中，24小时后取出冲洗干净后扦插；

方法四：将插条基部2厘米浸入维生素B_{12}的针剂加1倍凉开水稀释溶液中，5分钟后取出，晾干后扦插。

方法五：将插条基部2厘米蘸水湿润后，充分粘匀ABT生根粉插入基质中。

嫁接技术

苏联农学家米丘林一生培育了几百个水果品种，他曾经把苹果枝条嫁接到野梨砧木上，并在1898年获得了苹果的新品种——梨苹果。这是广为人知的嫁接故事。嫁接是把一种植物的枝或芽，嫁接到另一种植物的茎或根上，使接在一起的两个部分长成一个完整的植株。嫁接苗比扦插苗、实生苗生长发育更快，抗病虫能力更强。

嫁接原理及影响因素

嫁接是植物的营养繁殖。接上去的枝或芽，叫作接穗；被接的植物体，叫作砧木。接穗嫁接后成为植物体的上部或顶部，砧木嫁接后成为植物体的根系部分。双子叶植物的茎中有一层形成层，形成层具有分裂旺盛的细胞，可以不断向内产生新的木质部与向外产生新的韧皮部，使茎不断加粗。嫁接使两个伤面的形成层靠近并扎紧在一起，结果因细胞增生，彼此愈合成为一个整体。

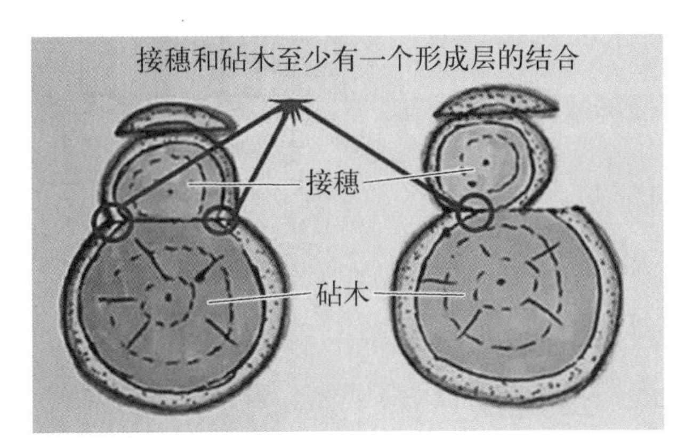

植物的嫁接

影响嫁接成活的主要因素是接穗和砧木的亲和力，亲和力高，嫁接成活率高，反之则成活率低。植物亲缘关系越近，则亲和力越强。亲和力就是接穗和砧木在内部组织结构上、生理和遗传上，彼此相同或相近，从而能互相结合在一起的能力。

嫁接常见方法

靠接法

把砧木枝条靠近接穗，选双方粗细相近的枝干，各削去枝粗的1/3 ～ 1/2，削面长3 ～ 5厘米，在削面上给它一刀深达树枝直径1/2 ～ 2/3，便于撑开切口以利砧木与穗木互相

靠接法

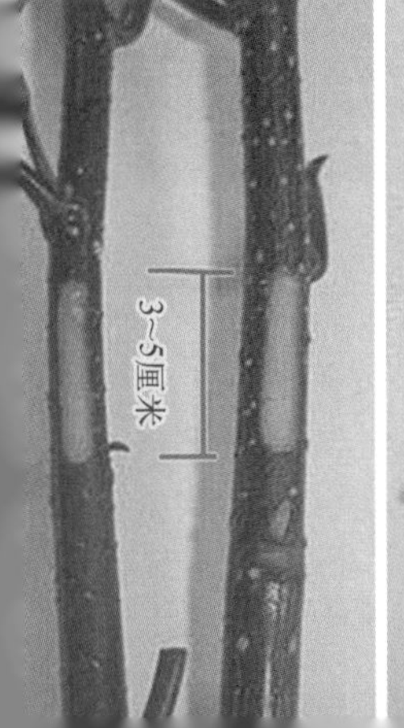

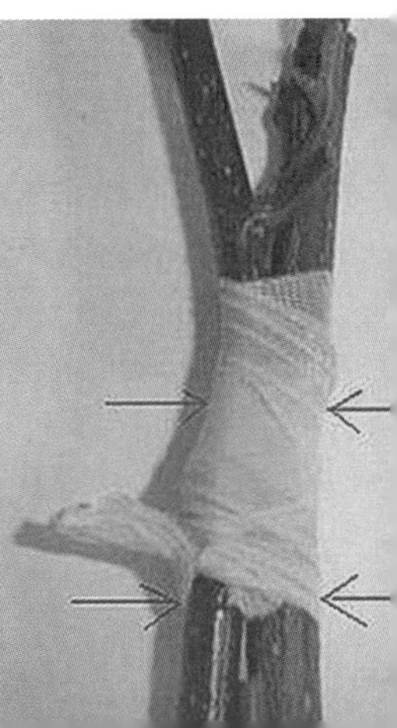

插入，用塑料薄膜条扎紧，待两者接口愈合成活后，剪断接穗的下部和砧木的上部，即成一棵新的植株。

切接法

切接时将砧木在一定高度处锯断削平，然后用劈接刀在砧木的一侧，稍带木质部劈成深4～5厘米的切口。接穗选用2年生、长约10厘米的枝条，将其两面削成相等楔形，然后将接穗插入砧木的切口，使两者的形成层相互密切结合，并用塑料薄膜绑扎牢固，再封盖砧木切面和接穗顶端。

芽接法

芽接首先从接穗上方约1.5厘米处，向前下方斜切一刀，长度超过芽下方约1.5厘米。在芽下方横向斜切一刀，

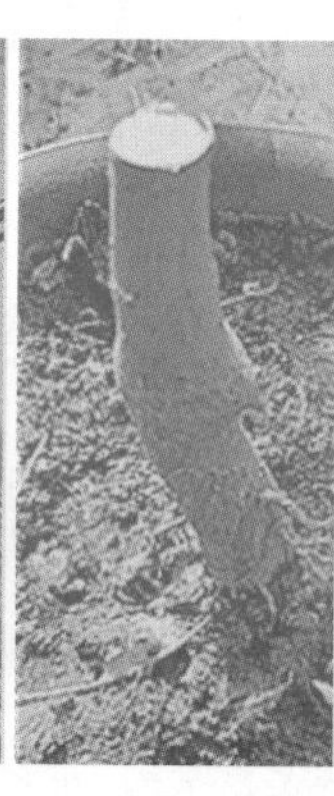
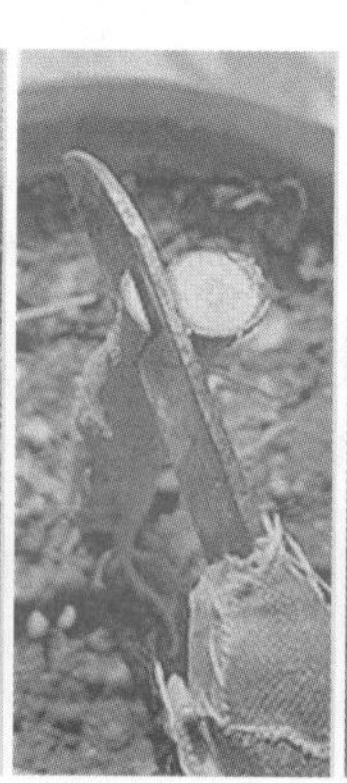

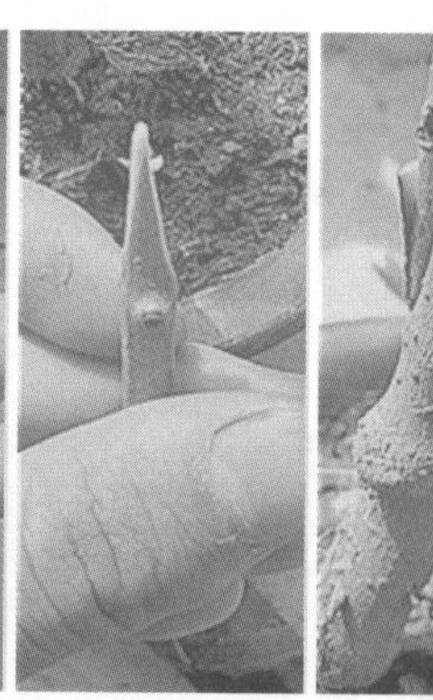

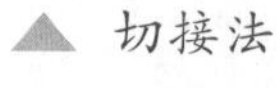

▲ 切接法

▼ 芽接法

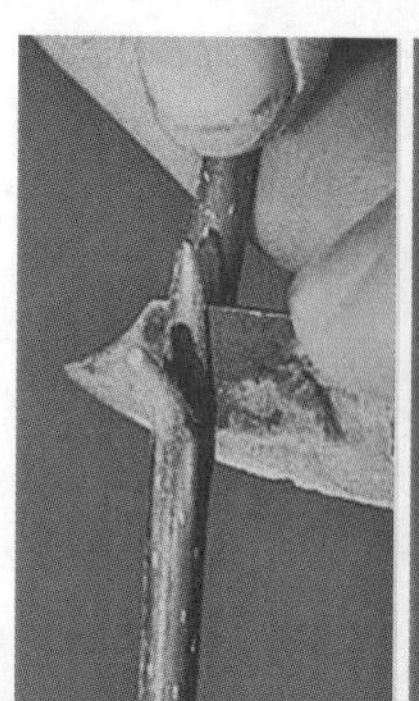
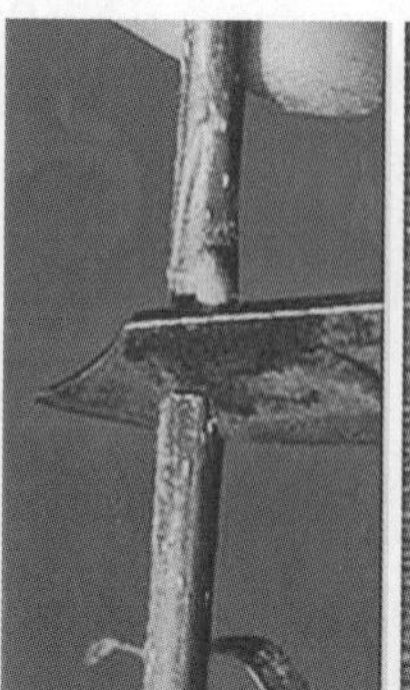
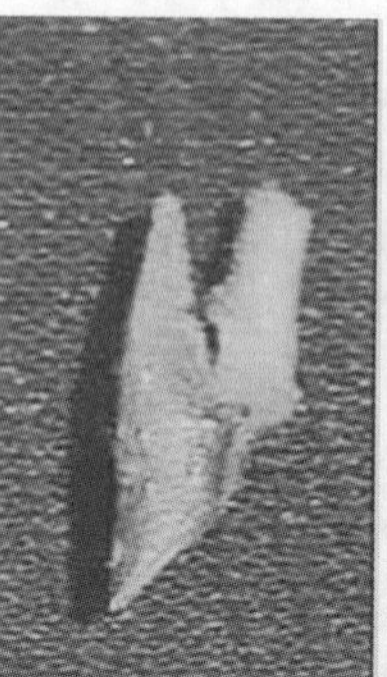

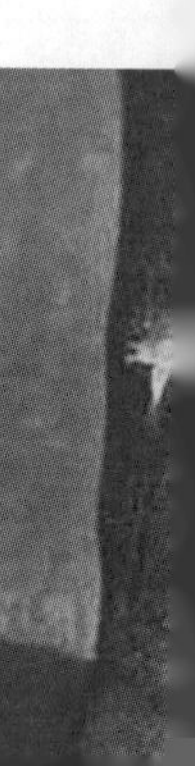

切成接穗芽片。然后在砧木上切一与接穗形状相似的切口。将芽片嵌入切口内,与一侧的砧木形成层对准,最后绑严。

仙人掌嫁接蟹爪兰

蟹爪兰花色艳丽,且时值春节时正开得茂盛,能给节日增添喜庆的气氛。如果把蟹爪兰嫁接到仙人掌上,不仅株型美观,而且易于种殖。

工具和材料

仙人掌、蟹爪兰、手术刀片、竹签、消毒酒精棉球

蟹爪兰

方法和步骤

1. 选取蟹爪兰健壮的茎片,去掉顶端嫩芽,只留中间两节,一分为二或一分为三的茎片。

2. 用医用酒精棉球把刀片、削好的竹签消毒。

3. 选取一片成活的一年生仙人掌茎片,用刀片横向削去顶端。

4. 把蟹爪兰茎片下端二分之一处向下的部分正反面都削去外皮,争取一刀削成。

5. 在仙人掌的切口处观察,找到由表皮到髓部的类似

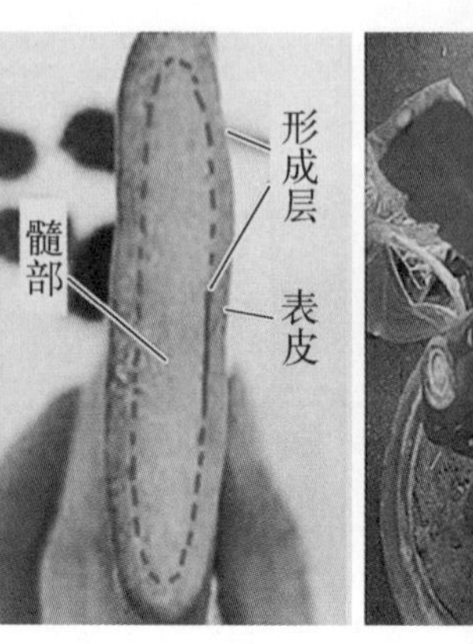

▲ 仙人掌嫁接蟹爪兰

年轮的一圈形成层，用小刀从线向下切，深度和蟹爪兰削掉外皮的长度相当，宽度和蟹爪兰的宽度相当。植株宽大健壮的仙人掌顶端可以左右各嫁接一枝。

6. 把蟹爪兰插入仙人掌切口中，从仙人掌上对准蟹爪兰中心左侧和右侧各用一个牙签固定住。为了提高成活率，可以在将蟹爪兰插入仙人掌后，在切口处滴蜡密封。

7. 保持盆土微润，将接好的盆花放于阴凉处15天左右，蟹爪兰就会硬挺鲜绿起来。

翻盆技术

翻盆是当盆栽植物生长到一定时期，出现两种不同的情况而必须采取的换盆换土的措施。

随着幼苗的生长，植物的根群在盆内土壤中布满而无再发展的余地，植物生长受到抑制，甚至一部分根系常常从盆底的排水孔钻出，此时宜将花盆更换成大型号的花盆。

已经充分成长的植株，由于经过多年植株的生长，原盆中的土壤养分已经丧失，土壤的物理性质变劣，植物的老根已经充满花盆，此时不是要更换更大的花盆，而是要修整根系更换土壤。

翻盆时节掌握

对于翻盆的时节掌握，应该注意以下几点：

1. 江南地区一般在3～4月，选个晴朗的天气翻盆。此时植物生命处于最低状态，新陈代新缓慢，翻盆产生的损伤容易恢复；

2. 盆栽植物大盆隔3～4年、中盆2～3年、小盆1～2年可翻一次盆；

3. 生长快且喜肥的植物，宜勤翻盆；生长慢的植物，不宜多翻盆。

基本环节

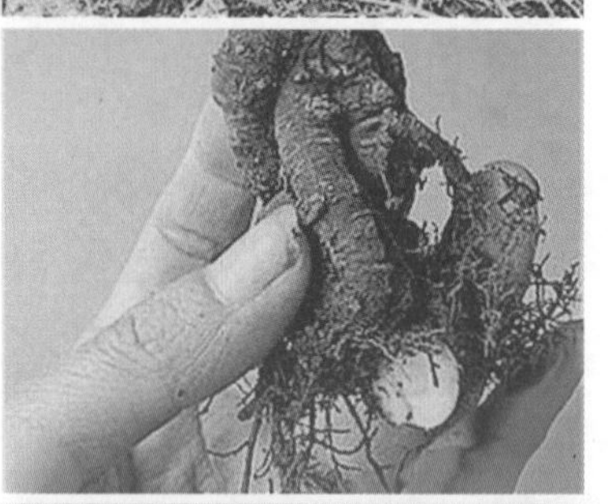

脱盆

指植物带着土从盆中分离出。脱盆前不用浇水。先用铁棍等工具在泥土贴近花盆边撬一圈，使土球整体脱出；

剔土

土球拿出后，轻轻将土球弄碎，将植物根系彻底剥除旧土壤，必要时也可用水冲洗，使根系全部暴露出来。

修根整枝

仔细看根的状态，将老根、坏根除去。然后将植株的弱枝、重叠枝也剪去，修枝的作用

翻盆的基本环节

在于减少叶子的蒸腾以利植株根系尽快恢复。

上盆

选适宜的盆，在盆底垫碎盆片，有利于排水。在盆底铺上一层有机肥泥土或营养土，随后种下剔除旧土、修剪好根部的植物，最后盖上新土，并压实。

浇水

翻好盆后应在盆土上覆盖一些碎盆片，浅盆可覆盖苔藓，以防浇水冲失盆土。第一次浇水要浇透，以后盆土不干不浇。常绿树可多喷叶水，待新根萌发后正常浇水。

兰花翻盆

兰花翻盆是养护兰花的一项必不可少的重要工作，翻盆工作做得好，兰花就长得好，否则，兰花也就长不好，甚至夭折。因此兰花翻盆大有讲究。

1. 脱盆取苗

将兰盆倾倒，转动兰盆，拍打盆壁，使盆中基质松动，基质自然会从盆中不断出来，即可取出兰株。

2. 剔除基质

兰株取出后要细心剔除基质。如基质较湿不易剔除，可用水冲洗。

兰花翻盆步骤 1-3

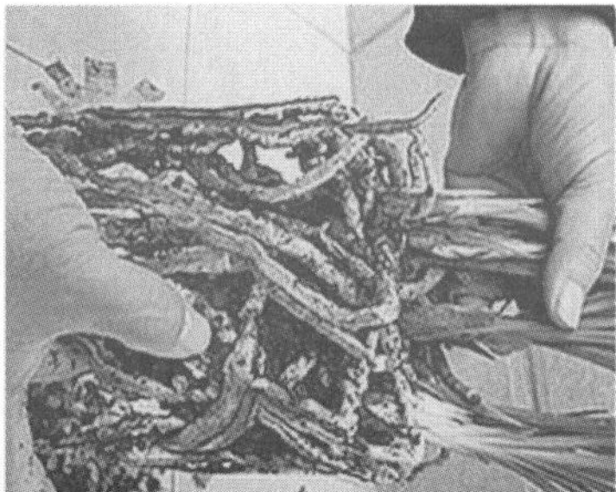

3. 晾干兰株

冲洗后的兰根饱含水分，不宜理根和分株，要放在阴凉通风处晾一下。最好把兰株倒挂避免叶心积水，千万不要放在太阳下暴晒。

4. 修剪根叶

对已晾过的兰株要进行修剪，用消毒过的剪刀剪去烂根、空根、瘪根、病根。同时对残叶、烂叶、病叶进行修剪。

5. 分株

如兰丛比较大，要适当分株。分株要用消毒过的剪刀或手术刀进行。

6. 消毒

修剪、分株过的切口要立即敷上药粉，一般以多菌灵、百菌清敷伤口。对分株后的兰株进行消毒，一般情况下浸泡15分钟左右。浸好后取出倒挂晾干。

7. 混配基质

将消毒浸泡过的仙土、植金石、镇江土、兰菌土按4：3：2：1比例进行混配使用。如果旧基质无病无菌，亦可经暴晒杀菌后再用消毒水浸泡杀菌2天，沥干后混合在新基质中使用。旧基质所占比例不超过1/3。

8. 选盆

根据兰株大小，选配大小合适的兰盆，一般说来大苗用大盆，小苗用小盆；苗多用大盆，苗少用小盆；根多用大盆，

兰花翻盆步骤4-6

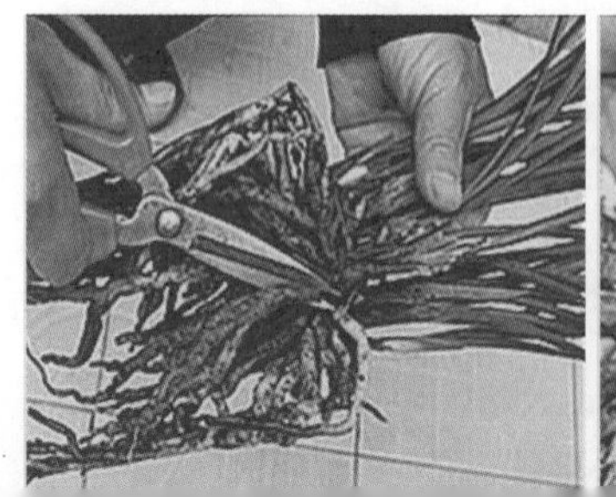

兰花翻盆步骤7-9

根少用小盆。

9. 置疏水罩

盆底先置疏水罩，一般说来，大盆用大的疏水罩，小盆用小疏水罩。疏水罩可以到市场购买，也可以自制。

10. 垫疏水层

疏水罩安置好后，在疏水罩四周放置疏松、质软、不易碎的木炭、植金石或其他基质，确保盆底通风透气。

11. 安放兰株

疏水层垫好即可将消毒并晾干的兰株放置兰盆中央，要理好根，并将兰根置于疏水罩四周。

12. 填基质

兰株安放后，即可将已混配好的基质从四周填入。基质填至叶基部，应使兰根与基质紧密结合，兰根得以舒展。

13. 施肥

选择颗粒缓释性肥料，肥效时间长达半年，适量撒施于

兰花翻盆步骤10-12

▲ 兰花翻盆步骤13-15

基质表面。

14. 肥上覆盖

在颗粒缓释性肥料施肥后,再覆盖一层薄薄的基质。

15. 浇定根水

这是翻盆后的第一次浇水。由于刚上盆的基质润中带湿,尚有水分,因而栽好的兰花可缓半天时间再浇,这样做有利于伤口结疤。浇定根水不可拖得太久,一定要及时浇,且要一次性浇透浇足。

植物修剪

植物修剪的概念

园艺大师对园艺植物的修剪和造型是如此的登峰造极，简直就是植物雕塑。

植物雕塑

修剪也是盆花种植与盆景制作的重要手段。一盆好花或盆景养了三四年之后，结果越长越不中看，枝条杂乱，花儿越来越少，果实越长越小，缺乏修剪是主要原因。

修剪是园艺技术，也是园艺艺术，是最有趣的园艺环节之一。

植物修剪的原理

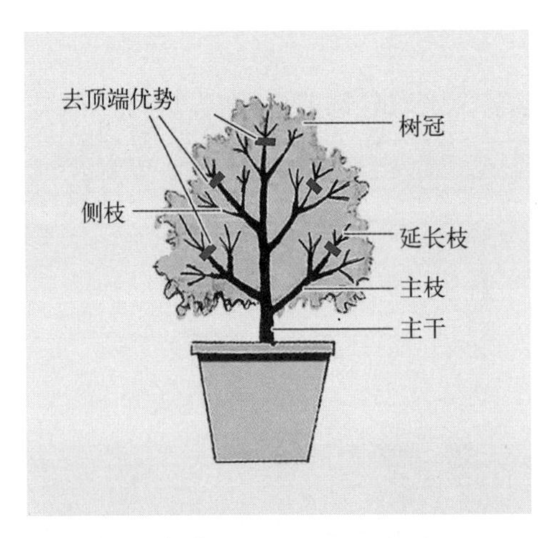

▲ 植物修剪

园艺植物修剪是指对植株的某些器官，如芽、枝、叶、花、果、根等进行剪裁、疏除处理的具体操作。

植物生长有“顶端优势”。即植物主枝的顶端具有生长优势，如果采取人为控制办法，这种优势的抑制就会使侧枝生长与发育；而适当修剪会使植物的枝条繁茂起来，从而株型丰满，花果累累，达到观赏的效果。

对一些观花观果植物，如果花蕾过多，花朵开不好；如果花朵太多，果实也长不好，所以要适量疏除花蕾。花后及时剪去花枝，通常有很大概率会在当年复花，不要让营养去白白滋养我们不需要的器官。这也有助于植物体内营养的集中使用和重新分配。

植物要及时剪除病枝、枯枝、残枝等。通过修剪整枝给你的盆栽做了一次“美容”，同时让植株增强通风透光条件，有利生长发育。

常用植物修剪工具

高枝剪

修剪高度可达5米，直径可达1.2厘米的枝条。

枝剪

可处理90%的枝条，修剪直径可达1.2厘米的枝条。

修枝大剪刀

可修剪1厘米以下的树枝，伸缩手柄更省力。

常用修剪工具

植物修剪方法

花木休眠期修剪

休眠期修剪以重剪为主，常绿花木的休眠期从落黄叶到春梢发生前。休眠期修剪的主要目的是剪除病虫枝、枯枝、重叠枝等，以形成一定的株形，保持骨干枝的生长均衡。如果想第二年早些看花的花木，一般在休眠期进行修剪，但不能重剪；如果想晚些看花的可以重剪。

休眠期修剪的方法主要有三种：

1. 短截（又称剪截）

剪去1年生枝条的一部分，这是休眠期修剪的主要方法。短截的主要作用是调整生长与结果的关系。依强度可分轻短截（剪去1/5 ～ 1/4）、中短截（剪去1/3 ～ 1/2）、重短截（剪去2/3 ～ 3/4）。一般对幼年花木采取轻短截，有利于提前开花结果。对成年花木上生长弱的枝条则采取重短截，以刺激侧芽萌发和生长，有利于形成饱满的树形。

▼ 短截

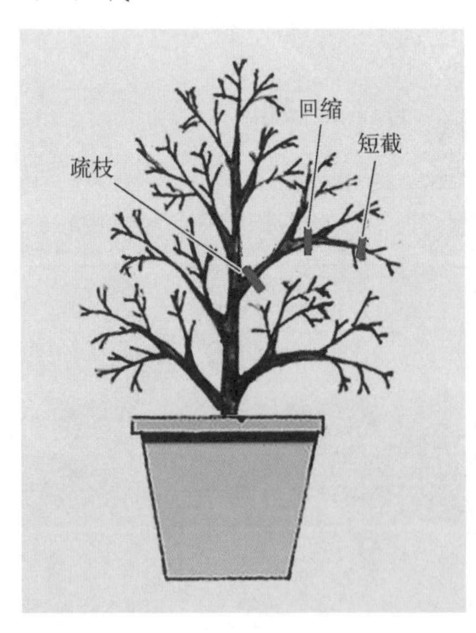

2. 疏枝（又称疏剪）

从枝条基部剪枝条，一般有枯枝、病虫枝、不需要的下垂枝、交叉枝和重叠枝等。主要作用是改善树冠内部的通风透光性，调节花木的生长势。

上海植物园
哇景色绝佳！
wang•2019-01

3. 回缩(又称缩剪)

指对2年生或2年生以上的枝条进行短截。从造型来讲,通过缩剪使花木矮化,枝条丰满。为了维持花木树型,每年生长季节抽出的徒长枝都需要进行缩剪。

花木生长期修剪

生长期修剪以轻剪为主,适宜时期是从萌芽后到新梢停止生长前。生长期修剪的主要目的是为了控制新梢徒长,改善光照条件,促进花芽分化。

一般来讲,花木植株生长旺盛的可多剪,生长瘦弱的则少剪。若造型需要,通常要剪去杂乱的交叉枝、重叠枝、平行枝、轮生枝、对生枝、瘦弱枝、病态枝等。这样也能为留下的枝条提供充足的养分,长成健壮的枝条。

生长期修剪的主要方法:

1. 抹芽和除蘖

在生长期间,把刚萌发的芽或刚形成的花蕾除去称为

▼ 生长期的修剪

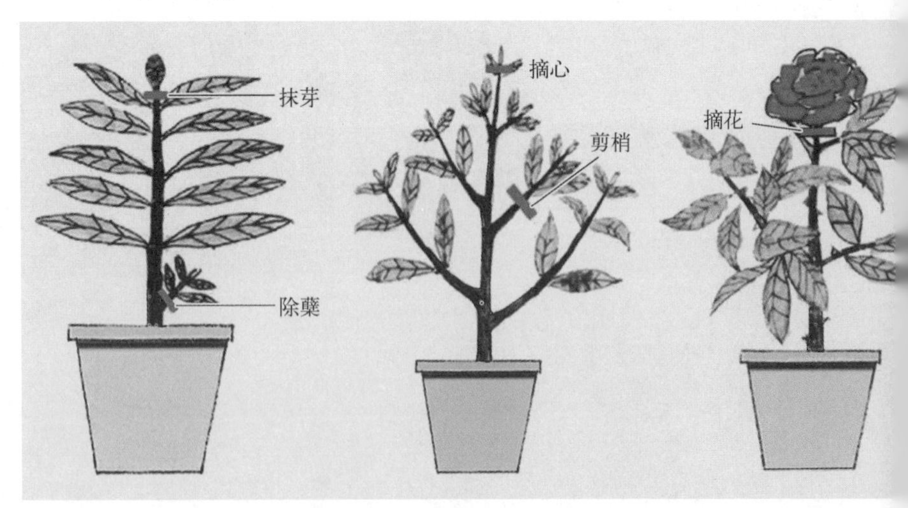

抹芽；把枝干基部或枝干上不恰当位置处形成的枝条剪去称为除蘖。抹芽和除蘖可减少花木养料的消耗，改善光照与水肥条件。

2. 摘心和剪梢

在生长期把花木枝条的顶芽摘去叫摘心；剪去新梢的一部分叫剪梢。

摘心在新梢未木质化前，摘去梢端3～5厘米；剪梢是在新梢木质化后酌量短截。幼小的花木可以促进生发新枝；成年的花木则可以调节生长势，促进花芽分化。都是去顶端优势。

3. 摘叶、摘花

适当摘除过多的叶片称为摘叶，可有改善通风透光的效果。对于观花花木，在花开前摘叶可以使花朵更加肥大；在花谢后常进行摘除枯花工作，这不仅能提高观赏价值，还能避免结果消耗养分。

花草生长期修剪

此时修剪可促进植株分株，让植株自然矮化，维持漂亮的株型，促使萌发更多的植株，以便于开更多的花。

植物分株

▲ 株型调整

花草植株太高时，可作修剪矮化，促使分株。修剪位置不要太低，以免影响发芽，另外要剪在枝节的上方。每株剪的位置要同等高度，株型才会好看。

花草花谢时修剪

将凋谢的花苞剪掉，调整株型，可促进萌发侧芽、另结花苞，还可以延续植株生命继续开花。

花草植株有一部分花朵凋谢时，可将花朵剪掉，剪口在节点的上方。

花草株型调整修剪

觉得株型不漂亮时，也可以修剪来调整，让株型更加紧密。

花草株型不好看时要舍得修剪，要剪在节点以上，植株保留10厘米左右。修剪时要注意左右的平衡。

植物修剪错误时机

雨天修剪植物后伤口暴露在潮湿的环境中，很容易造成病菌的入侵，应当避免。

当植株衰弱时，过分的修剪如雪上加霜，稍有不慎则将毁灭植物最后的生机。如果没有十足把握，不妨等到植株逐渐恢复时再进行修整。

简易盆景制作和养护

简易盆景制作与养护以其结构简单、制作方便、形态潇洒、寓意深远而取胜，本节以榕树盆景制作为例进行介绍。

榕树盆景是指以榕树为素材，以观赏榕树的树桩及根茎叶奇异形态为目的，通过细心培育，长期控制其生长发育，使其成为独特的艺术造型的盆栽榕树。

人参榕植物

人参榕，也称作榕树瓜，地瓜榕，块根榕。由细叶榕的实生苗培育而成。基部膨大的块根实际上是其种子发芽时的胚根和下胚轴发生变异而形成的。人参榕根部形似人参，形态自然、根盘显露、树冠秀茂、风韵独特，观姿赏形，令人妙趣横生，心情愉悦，深受世界各地园艺爱好者的喜爱。在荷兰已把人参榕命名为“China roots”（中国根），可见这是一个走向世界、具有中国品牌的花卉品种。

人参榕寿命很长，生命力相当强，适合于长期盆景培养，一年四季均宜观赏，是具有传世意义的上乘树种。人参榕块根丰满，观感好，枝干光洁秀丽清雅，又利于塑造，能小中见大，耐阴耐旱，生命力强，养护管理简单，是居室内外摆设装饰的上佳选择。

人参榕 ▲

人参榕盆景制作

工具和材料

人参榕、栽培土、陶瓷浅盆、苔藓、盆景小摆设。

制作时间

人参榕的盆景栽种一般在3～4月份进行。

制作过程

1. 人参榕选择

2. 栽培土选择

榕树适应性强，在酸性、中性、微碱性的土壤都能生长，但最好是在微酸、疏松、排水良好且又有一定肥力的土壤中种植。

制作人参榕盆景

3. 栽培容器选择

多用紫砂浅盆，也有用釉陶浅盆的。

4. 在浅盆底的排水孔上铺一块盆底网。

5. 在浅盆内垫上一层栽培土。

6. 移入人参榕，把根埋入土内，块根露在土外，使其形成悬根露爪之状，这是人参榕盆景特有的提根形造型。

7. 榕树的枝干比较柔软，容易蟠扎造型，常通过棕丝、铁丝等蟠扎材料，将榕树的枝干弯曲成喜欢的形状。

8. 调整好造型后，在所有裸露的栽培土上铺上苔藓。

9. 在苔藓上点缀一些盆景小摆设。

人参榕盆景养护

榕树盆景有很高的观赏价值，四季常青，养久了更能提升价值。注意事项如下：

盆景养护

1. 放在阳台上，天热的时候不要暴晒，天冷的时候不要受冻，其他时间多晒太阳；

2. 放在屋子里，应放在光照充足的窗户边；

3. 三五天浇一次水即可；

4. 可以把树冠剪平，也可以剪成蘑菇状；

5. 有长得过长的枝就用剪刀修剪掉；

6. 可以用棕丝或铁丝将长长的枝弯下去，时间长了枝就长平了，叶子也能长得很茂盛；

7. 在生长的旺季往浅盆边加复合肥或饼肥，过冬温度低就不要施肥；

8. 两三年就要换盆，把老根剪掉，换一下栽培土。

陈老伯，加上这
一棵，就丰满了
好多！
wang•2019-01

苔藓微景观制作

苔藓微景观，是用苔藓植物和与苔藓植物生长环境相近的其他植物，搭配各种造景小玩偶，运用美学的构图原则组合种植在一起的新型桌面盆栽。构成妙趣横生的场景，仿佛一个简单纯净的童话世界，看一眼，心仿佛也变得惬意起来。

苔 藓 植 物

苔藓植物是一种无花结构的高等植物，以孢子进行繁殖。结构简单，仅包含茎和叶两部分，没有真正的根。以阴暗潮湿的环境和柔和的散射

苔藓植物

阳光最为适宜，一般生长在裸露的石壁上或潮湿的森林和沼泽地。苔藓植物生命力强，能忍受恶劣的环境条件。在植物界的演化进程中，苔藓植物代表着从水生逐渐过渡到陆生的类型。它对化学污染很敏感，被视为环境质量的指示物种。全世界约有21 000种苔藓植物，我国有3 000多种。

苔藓微景观制作环节

基本制作过程

1. 容器选择

选用适合大小的玻璃容器，在容器内先铺设隔水层、种植基质层；然后摆上新鲜苔藓，再植入背景植物，用装饰沙和装饰石做点缀，最后搭配适合的配件即可完成。在制作过程中，特别要注意营造容器中的空间感和透视感。

2. 选择与苔藓进行搭配的造景植物

苔藓微景观要选用一些植物与苔藓进行搭配造景，造景植物一般会用狼尾蕨、网纹草、罗汉松、文竹、袖珍椰子等，最常用到的是蕨类植物。此类植物形状美观、颜色翠绿且生长环境与苔藓类似，喜欢湿度较高的环境。

▼ 苔藓微景观

3. 选择造景用的配件玩偶

配件玩偶

常见的苔藓微景观，其造景用的配件玩偶以人物模型为主，可爱的龙猫、奔跑的梅花鹿等都是经典的苔藓微景观玩偶搭配。另外，小蘑菇、小栅栏、鹅卵石、河川沙等都是常用的配件。这些小配件被恰到好处地运用到苔藓微景观布景中，起到丰富景观的作用。

制作工具材料准备

1. 微景观制作专用工具准备

土铲勺、小剪刀、镊子、吹气球、弯头浇水壶、细雾喷水壶。

2. 材料准备

新鲜苔藓、背景植物、玻璃容器、轻石、水苔、卡通配饰、热胶棒。

3. 配饰材料准备

园艺超市购来的卡通配饰底部都没有固定针，无法把玩偶牢固地固定在景观内。因此在微景观制作前，要用热胶棒给配饰件装上固定针。如果配饰数量比较多，建议

固定针的安装

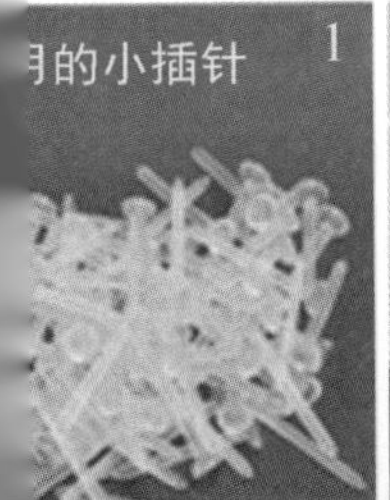

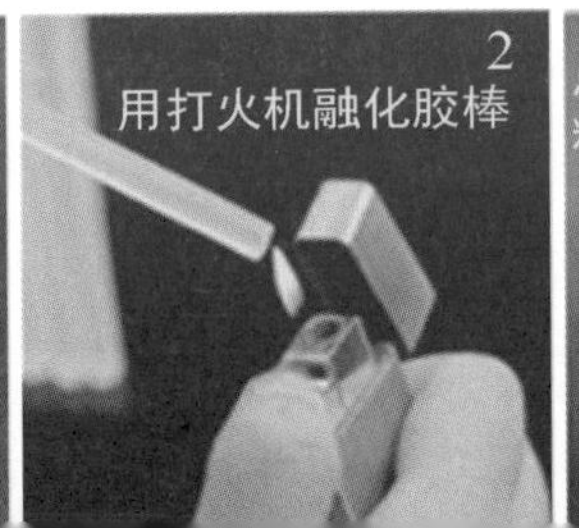

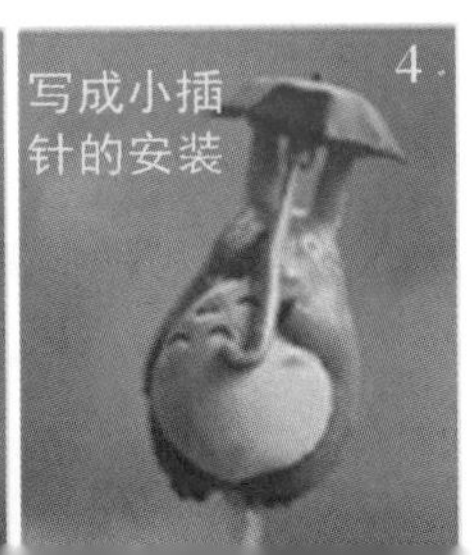

使用热胶枪。下文以龙猫玩偶为例，介绍固定针的安装过程。

制作步骤

1. 铺轻石

倒入薄薄一层小颗粒轻石，以0.5～1厘米为宜。

2. 铺水苔

在轻石上薄薄铺一层水苔，在基质和轻石之间的建立隔离层，防止种植土由于重力作用慢慢渗透底层。

3. 湿润水苔

喷水使水苔层湿润，水苔就能服帖地盖住轻石。

▲ 微景观制作步骤1-3

4. 倒入培养基质

用土勺把湿润的基土放在瓶中。

5. 调整基质坡度

根据种植需求，一般调整基质为前低后高，前面铺设苔藓用，后面适用于种造景植物，土不需要太多，以免影响空间效果。也可以平铺基质用于制作无背景的苔藓造型。

微景观制作步骤4-6

6. 湿润基质

将基质完全喷透，直至底部轻石层有微量积水为宜，切勿漫过轻石层。

7. 整理苔藓

取出苔藓并清理表面杂草和杂质，用喷壶往苔藓表面和根部喷水至湿润。

8. 铺苔藓

用镊子夹着苔藓，缓缓铺设于培养土表面，并摁压紧实。

9. 整理造景植物

挑选状态最佳的造景植株。适当修剪植物的枝叶，剪去发黄或腐烂状态的枝叶。种植造景植物时会遇到根系过长，可将根部修剪1/2后进行栽种。

微景观制作步骤7-9

10. 种植造景植物

先在基质中挖一个小洞，然后用镊子夹着造景植物根部种入洞中，种完把周边的土压实。

11. 安置小摆件

为了营造立体丰富的场景，可根据个人喜欢的效果摆入沙、石、玩偶、树枝等装饰摆件。

12. 清理

最后用纸巾认真清理干净苔藓瓶。

▲ 微景观制作步骤10–12

苔藓微景观护理方法

苔藓和背景植物应在早上或者傍晚浇水，请勿在正午浇水。

放置室内明亮见光处即可，切忌强光直射，偶尔晒晒清晨或傍晚的阳光可以起到一定的杀菌作用。

适当通风，每天1～2小时为佳。保持一定的通风，可有效防止苔藓和瓶内植物过度闷湿引起发霉腐烂情况。

多肉拼盆制作

多肉拼盆又称多肉微景观，是近几年在城市里悄然流行的现代盆景。将一些普普通通的多肉植物，简简单单的素材，整合出美丽的小景，在家中书桌床头摆上一盆，不时看看，惬意舒心。

顾名思义，多肉拼盆就是将几种多肉植物集中在一个容器内的种植习惯。这种种植方式最初的目的很简单：满足家庭种植多肉植物的数量化要求，每种植物单盆分植的种法对于多肉爱好者来说，能拥有的植物数量实在是非常有限，拼盆可以省出大量种植空间，满足自己的占有欲。而拼了两三盆之后很容易就会

多肉微景观

发现拼盆的美观和乐趣，从而一发不可收拾。

多肉植物

▲ 多肉植物

多肉植物亦称多浆植物、肉质植物，在园艺上有时称多肉花卉。植物的茎或叶或根具有发达的组织用以贮藏水分，在外形上显得肥厚多汁。全世界多肉植物超过一万种，它们都属于高等植物。

多肉植物在代谢方式上和一般植物有所不同。其最有意思的特点是继承了祖先在戈壁滩的生存习惯，气孔白天关闭减少蒸腾，夜间开放吸收二氧化碳，而且在一定范围内，气温越低，二氧化碳吸收得越多。可以说多肉植物是可以放置在卧房里陪你过夜的“植物宠物”。

多肉拼盆环节

盆的选择

市面上的盆很多，最为透气的是陶盆和石盆，两相比较，石盆更重，但天然雕饰，自然而不刻意，成品效果最佳；

瓷盆是现在非常流行的一种盆器，形状多样，得到了很多玩家的喜爱。

土的选择

在用土方面，多肉植物不是特别讲究，以疏松透气为主，结合个人浇水习惯以及种植环境进行调整。泥炭、火山岩、河沙按6 ∶ 3 ∶ 1的比例进行混合，掺入少量的杀虫剂和杀菌剂。加入杀虫剂是为了预防多肉植物容易患的根粉蚧，加杀菌剂则是为了防止由于植物根部伤口而引起的腐烂。无论哪种病虫害，预防的意义远远大于事后治疗。

植物的选择

多肉植物的选择看似简单，其实略有讲究，植物的形状大小、色彩的搭配和各自的生长习性都是必须要考虑的问题。外观上要做到错落有致，色调和谐，还要考虑减少养护难度，相似习性的植物才可以搭配在一起。

多肉拼盆制作

多肉植物最佳观赏时期是秋冬季节，所以建议在秋天进行，可以观赏更长时间，其次是冬天，除非四季如春的城市，否则尽量避免春天，因为很快要踏入严酷的夏季，夏天建议最大限度地减少种植行为。

基本步骤

1. 无排水孔容器需要用轻石和水苔制作隔水层，有排

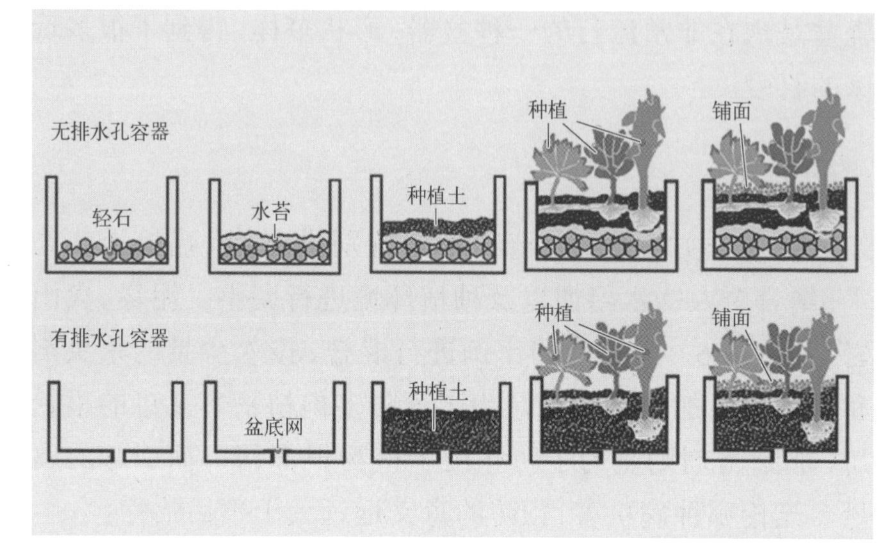

▲ 基本步骤

水孔容器省略此步；

2. 填种植土；

3. 种植和调整多肉植物；

4. 铺火山岩（赤玉土或鹿沼土）。

工具材料

不同品种的多肉植物3～4种、种植容器、轻石、水苔、配饰材料（卡通蘑菇和卡通瓢虫）、微景观制作专用工具（土铲勺、小剪刀、镊子、吹气球、细长弯头嘴浇水壶、细雾喷水壶）。

详细步骤

1. 做隔水层：先填1～2厘米厚的轻石，后铺一层水苔，喷水湿润并压实水苔；

2. 填营养土：先铺一层栽培土，喷水湿润栽培土；

做好隔水层

3. 种植多肉植物：先移入植物，然后调整每株植物的高低；

4. 铺面：用赤玉土或鹿沼土铺面；

5. 配饰：安置卡通蘑菇和卡通瓢虫。

填土铺面

配饰安置

多肉拼盘后期养护

多肉拼盆因为前期在植物选择和种植空间上已经有了充分的设计,所以后期的养护跟一般种植多肉植物一样,加强观察,提早发现隐患。可以根据自己的喜好对盆里的植物进行随时调整、更换或是修剪。对长势不好或生病的植株,应及时剪掉地面部分,再把根部挖出。

育苗栽培新材料

园艺科学和园艺技术的发展日新月异，这里介绍两款既方便又环保的育苗栽培的新材料，让园艺爱好者开阔视野。

育苗块技术

育苗块

育苗块以优质泥炭土为原料，是育苗企业最广泛使用的产品。园艺超市有直径22毫米、25毫米、30毫米、38毫米、42毫米的商品供选择。

育苗块由高品质的材料压缩制成，外面包裹的是聚合纤维，包住基质不会散落，这样种植环境就可以保持干净、整洁。育苗块加水后快速膨胀，基质能够促进根系发育，植株移植后健壮成长。无论是专业客户还是家庭园艺，都是十分方便的。基质膨胀后将种子放入基质块中间，其最上面的中间部分密度较其他位置的密度小，是专门为播种设计的。

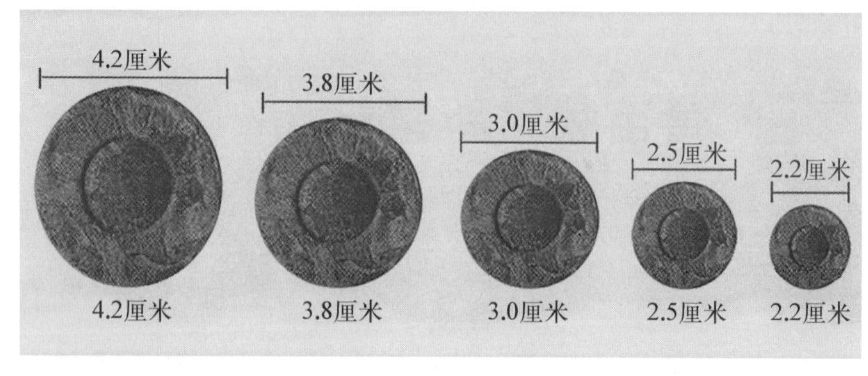

▲ 各种规格的育苗块

育苗块使用方法

1. 浇水膨胀

把育苗块整齐放入育苗盒中，慢慢浇水，浸泡15分钟，使其膨胀。

2. 播撒种子

待育苗块充分吸水膨胀松软后，把种子放入育苗块上方中间的穴中，每穴撒种子2～3粒，种子埋入深度要看种子大小，一般为种子直径的2～3倍。

3. 薄土覆盖

在放入种子的育苗块上覆盖一层薄土，可以是普通种植土，也可以是泥炭土。

4. 苗期管理

盖上育苗合的盖子，把育苗盒放在阳光下，使其保持20℃左右的温度，大部分种子在一周后可以发芽。育苗过程中水分的补充采用浸湿方法，就是把水直接浇在育苗盒中，让育苗块自动吸水。

5. 带块移栽

育苗成功后带育苗块直接移栽，保证成活。移植后一

育苗块的使用

定要浇透水，并遮阴几天，之后即可放到阳光下养护。

育苗块的优点

泥炭藓作为原料，环保、可充分降解；独特聚合纤维网套设计，方便幼苗的运输、移栽，不散坨；水浸膨胀迅速，无须长时间等待；实现无脱盆移栽、定植，提高效率和移栽成功率。

椰糠技术

椰糠是椰子外壳纤维的粉末，是加工后的椰子副产物。它是从椰子加工过程中脱落下的一种纯天然的有机质介质，经加工处理后非常适合于培植植物。椰糠是如今比较流行的一种园艺种植材料，相对于其他种植基质具有干净、方便、环保等优点，因此很多苗场和家庭园艺会选择椰糠砖作为种植基质。

椰糠

目前市场上大部分椰糠砖是进口的，来源主要是印度和斯里兰卡，也有部分是海南产的。椰糠砖产品每块650克。

▲ 椰砖

椰糠只是种植基质，不是肥料也不是营养土，在种植中起到的作用和河沙、珍珠岩、蛭石一样，只是固定植物。

椰糠使用方法

1. 椰糠的浸泡

椰糠砖必须用水泡开后才能当基质使用。加6～9升水，泡1小时，泡开后的基质体积大约在7升左右。为减少泡水时间，可将椰糠砖切割成小块。在温度较低的季节，建议用温水或开水泡椰糠砖。椰糠砖浸泡过程在1小时左右，当然浸泡时间越长效果越好，体积充分膨胀后将多余的水滤掉。

2. 椰糠的盐分控制

椰糠砖的生产地主要在海边，产品中多少含有盐分，但是盐分高了对植物生长不利。因此在浸泡椰糠砖时尽可能多地用清水浸泡，使盐分尽可能多地被溶解掉。如果有家用盐度测量计来测量一下，椰糠的盐度控制在1%以下。

▼ 测试盐度

3. 椰糠的多肉扦插

椰糠与泥炭土都没有

任何肥力肥效，作为育苗和扦插都没有问题。通过实验发现，分别用椰糠与泥炭土加入同样1 ∶ 1比例的珍珠岩，结果是椰糠的效果一点不比泥炭土差。泥炭是一种经过几千年所形成的天然沼泽地产物，欧洲国家已经禁止使用泥炭土，因为开采泥炭会破坏湿地。用椰糠替代泥炭土开展园艺种植是不错的选择。

4. 椰糠的植物栽培

椰糠只是种植基质，不是肥料也不是营养土，如果单纯用椰糠来种植花草和蔬果，长势可能会很弱。如果椰糠混合蚯蚓肥、鸡肥或营养液，缓释肥等效果就很好。

因此，在播种之前需要在椰糠中拌入有机肥，650克椰糠砖配1千克天然蚯蚓粪。

蚯蚓粪是良好的腐熟有机肥料，同时也是具有团粒结构的土壤，对作物生长发育有较好的促进作用。播种之前施用天然蚯蚓粪可改变土壤物理性能，使黏土疏松，使砂土凝结；可促使土壤空气流通，加速微生物繁殖，有利于植物吸收养分；可增强保水、保肥性，防止土壤流失；能防止过量化肥的使用带来的危害；可分解土壤中的矿物质，供植物利用；对植物、人、畜无害，还可以增强植物

有机肥料蚯蚓粪

对病虫害的抵抗力，抑制植物土传病害。

此外，播种之前需要在100平方厘米的椰糠播种面积中拌入2克颗粒控释肥，3 ～ 4个月不用再上肥。

椰糠的优点

椰糠是一种无公害、绿色环保、天然优良的植物培养基质材料；可替代土壤种植，是良好的无土栽培基质，适用于种子催芽、播种育苗、扦插等；具备良好的保水性、保湿性及透气性，适合大多数植物发芽的需求；不含虫菌，不含杂质，可全部利用，干净清洁，适宜家庭园艺使用。

后记

据联合国预测，到2020年我国65岁以上老龄人口将达1.67亿人，约占全世界老龄人口的24%，全世界四个老年人中就有一个是中国人。相当一部分从工作岗位上退下来的老年人闲不下来，喜欢挖挖土、种种花、浇浇水。家庭园艺已经成为丰富老年人晚年学习生活最佳的选择内容。

家庭园艺不仅能够美化家的环境，还能美化心灵。老年人学习园艺，是希望家庭生活环境得到改善，用园艺点缀生活、美化生活，使家庭环境充满优雅、温馨、美丽。现代城乡的发展，高楼林立，道路纵横，室外绿化空间越来越少，越来越多的城镇居民只能利用房前屋后以及屋顶、室内、窗台、阳台、围墙等零星空间来美化庭院，增加绿化。现代家庭园艺与传统家庭园艺中的养花和盆景更接近，而且还包括了小型蔬菜、水果的种植。我们希望家庭园艺能够融入千家万户，丰富每一位老年人的晚年生活。

笔者在上海老年大学科技分校开设了一门《家庭园艺》课程，至今已有整整11个学期。课程分基础班和提高班两个层次。让老年人在做中学得明白，在玩中学得清楚,也满足了有园艺基础的老年学员园艺经验交流的愿望。老年人学习的家庭园艺和园艺学有所不同,侧重于园艺知识和技能的普及,而不是园艺学的学术研究。

本书的内容是根据《家庭园艺》课程改编的,分成基础知识、基本技能、专业知识、专门技能四大篇,由浅入深地予以介绍,各章节内容相互独立。希望老年朋友能看得明白,学得清楚,满足大家的园艺入门愿望。

上海植物园的园艺科普大家郄志星老师是上海老年大学科技分校《家庭园艺》课程的科学顾问,也是本书的科学顾问。

淡泊宁静、劳逸结合、有张有弛、顺应自然的"慢生活",这是家庭园艺的精髓和灵魂,让香花异卉为生活盛情绽放,营造回归自然、轻松优雅的意境,丰富生活情趣和质量,把握自己的生活节奏和品位,让身心得到调整,享受清静悠闲的幸福生活。让我们的老年生活更接近幸福的境地吧!

编　者

2019年7月

图书在版编目（CIP）数据

家庭园艺 / 王建华编著. —上海：上海科学普及出版社，2019
（老年健康生活丛书 / 陈积芳主编）
ISBN 978-7-5427-7515-3

Ⅰ. ①家⋯ Ⅱ. ①王⋯ Ⅲ. ①观赏园艺－中老年读物 Ⅳ. ①S68-49

中国版本图书馆CIP数据核字（2019）第095646号

策划统筹 蒋惠雍
责任编辑 俞柳柳
装帧设计 赵 斌
绘 画 王 俭

家庭园艺
王建华 编著
上海科学普及出版社出版发行
（上海中山北路832号 邮政编码200070）
http://www.pspsh.com

各地新华书店经销 上海盛通时代印刷有限公司印刷
开本 710×1000 1/16 印张 18.125 字数 200 000
2019年7月第1版 2019年7月第1次印刷

ISBN 978-7-5427-7515-3
定价：49.00元